电气自动化技能型人才实训系列

西门子S7-200系列PLC

应用技能实训

肖明耀 编著

中国电力出版社
CHINA ELECTRIC POWER PRESS

内 容 提 要

可编程控制器（PLC）技术是从事工业自动化、机电一体化的技术人员应掌握的实用技术之一。本书采用以工作任务驱动为导向的项目训练模式，通过任务驱动技能训练，帮助读者快速掌握西门子 S7-200 系列 PLC 的基础知识，提高西门子 S7-200 系列 PLC 的综合应用能力。全书包括 15 个项目，分别是认识西门子 S7-200 系列可编程控制器、学会使用 STEP 7-Micro/WIN 编程软件、用 PLC 控制三相交流异步电动机、定时器控制及其应用、计数器控制及其应用、步进顺序控制、交通灯控制、彩灯控制、电梯控制、机床控制、机械手控制、步进电动机控制、自动生产线控制、远程通信控制、模拟量控制，每个项目设有 1 个或 2 个训练任务。

本书贴近教学实际，可作为电气类、机电一体化高级技能型人才的培训教材，也可作为大专院校、高等职业技术院校、技工学校工业自动化、机电一体化及相关专业的参考用书，还可作为工程技术人员、技术工人的参考学习资料。

图书在版编目(CIP)数据

西门子 S7-200 系列 PLC 应用技能实训/肖明耀编著. —北京：中国电力出版社，2010.7（2016.1 重印）
（电气自动化技能型人才实训系列）
ISBN 978-7-5123-0310-2

Ⅰ.①西… Ⅱ.①肖… Ⅲ.①可编程序控制器
Ⅳ.①TM571.6

中国版本图书馆 CIP 数据核字（2010）第 064079 号

中国电力出版社出版、发行
（北京市东城区北京站西街 19 号　100005　http://www.cepp.sgcc.com.cn）
航远印刷有限公司印刷
各地新华书店经售

＊

2010 年 7 月第一版　2016 年 1 月北京第四次印刷
787 毫米×1092 毫米　16 开本　16 印张　432 千字
印数 7001—8500 册　定价 **32.00** 元

敬 告 读 者

本书封底贴有防伪标签，刮开涂层可查询真伪
本书如有印装质量问题，我社发行部负责退换
版 权 专 有　翻 印 必 究

前 言

　　《电气自动化技能型人才实训系列》作为电气类、机电一体化高技能型人才的培训教材，以培养学生实际综合动手能力为核心，采取以工作任务驱动为导向的项目训练模式，淡化理论、强化应用方法和技能的培养。本书为《电气自动化技能型人才实训系列》之一《西门子 S7-200 系列 PLC 应用技能实训》。

　　可编程控制器（PLC）是微电子技术、继电器控制技术和计算机及通信技术相结合的新型通用的自动控制装置。PLC 具有体积小、功能强、可靠性高、使用方便、易于编程控制、适于工业应用环境等一系列优点，因此广泛应用于各行业的控制系统中，如机械制造、电力、交通、轻工、食品加工等行业。PLC既可用于旧设备改造，也可用于新产品开发，在机电一体化、工业自动化等方面应用极其广泛。

　　PLC 是从事机电一体化、工业自动化的技术人员应掌握的实用技术之一。本书采用以工作任务驱动为导向的项目训练模式，介绍工作任务所需的 PLC 基础知识和完成任务的方法，通过完成工作任务的实际技能训练提高 PLC 综合应用技巧和技能。

　　全书共 15 个项目，分别是认识西门子 S7-200 系列可编程控制器、学会使用STEP 7-Micro/WIN 编程软件、用 PLC 控制三相交流异步电动机、定时器控制及其应用、计数器控制及其应用、步进顺序控制、交通灯控制、彩灯控制、电梯控制、机床控制、机械手控制、步进电动机控制、自动生产线控制、远程通信控制、模拟量控制，每个项目设有 1 个或 2 个训练任务。通过工作任务驱动技能训练，读者可快速掌握 PLC 的基础知识，以及 PLC 程序设计的方法与技巧。部分项目后还设有技能提高训练内容，以帮助读者全面提高 PLC 综合应用能力。

　　本书由肖明耀编著，在编写过程中，参考了相关图书和资料，在此向原作者表示衷心的感谢。

　　由于编写时间仓促，加上作者水平所限，书中难免存在错误和不妥之处，恳请广大读者批评指正。

作 者

2010 年 6 月

目 录

前言

项目一 | 认识西门子 S7-200 系列可编程控制器

    任务 1　认识西门子 S7-200 系列可编程控制器的硬件　·············· 1

    任务 2　认识西门子 S7-200 系列可编程控制器的软元件与编程语言　·············· 6

项目二 | 学会使用 STEP 7-Micro/WIN 编程软件

    任务 3　应用 STEP 7-Micro/WIN 编程软件　·············· 13

项目三 | 用 PLC 控制三相交流异步电动机

    任务 4　用 PLC 控制三相交流异步电动机的启动与停止　·············· 47

    任务 5　三相交流异步电动机正、反转控制　·············· 64

项目四 | 定时器控制及其应用

    任务 6　按时间顺序控制三相交流异步电动机　·············· 69

    任务 7　三相交流异步电动机的星—三角（Y—△）降压启动控制　·············· 81

项目五 | 计数器控制及其应用

    任务 8　工作台循环移动的计数控制　·············· 96

项目六 | 步进顺序控制

    任务 9　用步进顺序控制方法实现星—三角（Y—△）降压启动控制　·············· 104

    任务 10　简易机械手控制　·············· 110

项目七 | 交通灯控制

    任务 11　定时控制交通灯　·············· 117

    任务 12　步进、计数控制交通灯　·············· 120

项目八 | 彩灯控制

    任务 13　简易彩灯控制　·············· 130

    任务 14　花样彩灯控制　·············· 136

项目九 | 电梯控制

    任务 15　三层电梯控制　·············· 140

    任务 16　带旋转编码器的电梯控制　·············· 145

项目十 | 机床控制

任务 17　通用机床控制 ·· 155

任务 18　平面磨床控制 ·· 158

项目十一 | 机械手控制

任务 19　滑台移动机械手控制 ·· 167

任务 20　旋臂机械手控制 ·· 178

项目十二 | 步进电动机控制

任务 21　控制步进电动机 ·· 188

任务 22　步进电动机定位机械手控制 ·· 193

项目十三 | 自动生产线控制

任务 23　自动分拣生产线控制 ·· 205

任务 24　自动组装生产线控制 ·· 211

项目十四 | 远程通信控制

任务 25　PLC 与 PLC 的通信 ·· 227

任务 26　PLC 远程彩灯控制 ·· 234

项目十五 | 模拟量控制

任务 27　中央空调冷冻泵运行控制 ··· 239

参考文献 ··· 250

项目一 认识西门子 S7-200 系列可编程控制器

学习目标

（1）认识西门子 S7-200 系列可编程控制器硬件。

（2）认识西门子 S7-200 系列 PLC 的软元件。

（3）掌握西门子 S7-200 系列可编程控制器的安装过程和要求。

任务 1　认识西门子 S7-200 系列可编程控制器的硬件

基础知识

一、概述

（一）可编程控制器

可编程控制器（PLC）是继电器控制技术、微电子技术、计算机技术及通信技术相结合制作的自动控制装置，具有体积小、质量轻、能耗低、可靠性高、功能强、使用和维护方便等优点，因此越来越广泛地应用于各行业自动控制系统中。

（二）西门子 S7-200 系列可编程控制器

西门子 S7-200 系列可编程控制器是采用叠装式结构的小型 PLC，具有指令丰富、功能强大、可靠性高、适应性好、结构紧凑、便于扩展、性价比高等优点。

S7-200（CPU226）系列可编程控制器的外形如图 1-1 所示，其各部分作用如下：

（1）通信端口：用于 S7-200 系列可编程控制器与 PC 或手持编程器进行通信连接。

（2）输入/输出端口：各输入/输出点的通断状态用输入或输出状态 LED 显示，外部接线接在可拆卸的插座型接线端子板上。

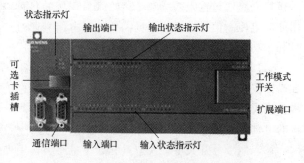

图 1-1　S7-200 系列可编程控制器外形

（3）工作模式开关：拨开图 1-1 所示 S7-200 系列可编程控制器右边的小盖，可以看到工作模式开关。S7-200 系列可编程控制器用三挡开关选择 RUN、TERM 和 STOP 三个工作状态，其状态由状态 LED 显示。其中，SF 状态 LED 亮指示系统有故障。

（4）扩展端口：拨开图 1-1 所示 S7-200 系列可编程控制器右边的小盖，可以看到扩展端口。扩展端口用于连接 A/D 转换、D/A 转换、扩展输入、输出等特殊功能模块。

（5）可选卡插槽：可将选购的 EEPROM 卡或电池卡插入插槽内使用。

（三）S7-200 系列可编程控制器的组成

S7-200 系列可编程控制器由中央处理单元（CPU）、存储器、输入/输出接口电路、电源电路等组成。

1. 中央处理单元（CPU）

在可编程控制器中，CPU 是可编程控制器的核心，它循环执行输入信号采集、执行用户程序、刷新系统输出等任务。CPU 的工作过程如下：

（1）从存储器中读取指令：CPU 从地址总线上给出存储地址，从控制总线上给出读命令，从数据总线上得到读出的指令，并存入 CPU 内的指令寄存器中。

（2）执行指令：对存放在指令寄存器中的指令操作码进行译码，执行指令规定的操作。CPU 执行完一条指令后，能根据条件产生下一条指令的地址，以便取出和执行下一条指令，在 CPU 的控制下，程序的指令既可以顺序执行，也可以分支或跳转。

（3）处理中断：CPU 除执行顺序程序外，还能接收输入接口、定时器、计数器等发来的中断请求，并进行中断处理，中断处理完成后，再返回原址，继续顺序执行。

2. 存储器

存储器是具有记忆功能的半导体电路，用来存放系统程序、用户程序、逻辑变量和其他一些信息。PLC 内部的存储器有系统程序存储器和用户存储器两类。

（1）系统程序存储器：用于固化系统程序。系统程序是用来控制和完成 PLC 各种功能的程序，如为用户提供的通信控制程序、监控程序、故障诊断程序、命令解释程序、模块化应用功能子程序及其他各种管理程序。

（2）用户存储器：包括用户程序存储器及用户数据存储器。用户程序存储器用来存放用户程序。用户程序是指使用者根据工程现场的生产过程和工艺要求编写的控制程序。用户数据存储器用来存放控制过程中需要不断改变的输入/输出信号、计数值、定时器当前值、运算的中间结果、各种工作状态等。用户存储器有 RAM、EPROM 和 EEPROM 三种类型。

3. 输入/输出接口电路

输入/输出接口电路的作用是通过接线端子将 PLC 与现场各种输入、输出设备连接起来。输入接口电路通过输入接线端子接收来自现场的各种输入信号；输出接口电路将中央电路处理器送出的弱电控制信号转换成现场需要的强电信号通过接线端子输出，以驱动电磁阀、接触器、信号灯和小功率电动机等被控设备的执行元件。

（1）输入接口电路。输入接口电路包括输入端子和光耦合器等元器件。PLC 的各种控制信号，如操控按钮、行程开关以及其他一些传感器输出的开关量等，都需要通过输入接口电路将这些信号转换成 CPU 能够接收和处理的标准电信号。光耦合器使外部输入信号与 PLC 内部电路之间无直接的电磁联系，这种隔离措施可以有效防止现场干扰串入 PLC，提高了 PLC 的抗干扰能力。

输入信号分开关量、模拟量和数字量三类，用户处理最多的是开关量。

（2）输出接口电路。可编程序控制器的输出方式有继电器输出、晶闸管输出和晶体管输出三种。输出接口电路包括输出驱动电路、输出继电器（晶闸管或晶体管）、输出端子等。

继电器输出型是利用继电器线圈与输出触点，将 PLC 内部电路与外部负载电路进行电气隔离；晶闸管输出型是采用光控晶闸管，将 PLC 的内部电路与外部负载电路进行电气隔离；晶体管输出型是采用光耦合器将 PLC 内部电路与输出晶体管进行隔离。无论哪种隔离方式，都能有效地防止因外部电路故障而影响到 PLC 内部电路，保证 PLC 的输出安全可靠。

4. S7-200 系列可编程控制器的电源电路

S7-200 系列可编程控制器的电源输出分为两部分，5V 电源供 PLC 内部电路工作，24V 电源用于向外提供电源，以保证现场传感器、按钮输入等元器件的正常工作。与其他电子设备一样，电源是非常重要的一部分，它的性能将直接影响 PLC 的功能和可靠性。

目前，PLC 都采用开关电源，性能稳定可靠。

二、可编程控制器的工作原理

目前，工业控制设备中经常使用的 PLC 种类繁多，但它们的工作原理是一致的，都采用循环扫描的工作方式。PLC 的工作过程大体可分为 CPU 自诊断等内部处理、通信信息处理、输入刷新、执行程序、输出刷新五个阶段，并进行周期性循环。PLC 的工作原理如图 1-2 所示。

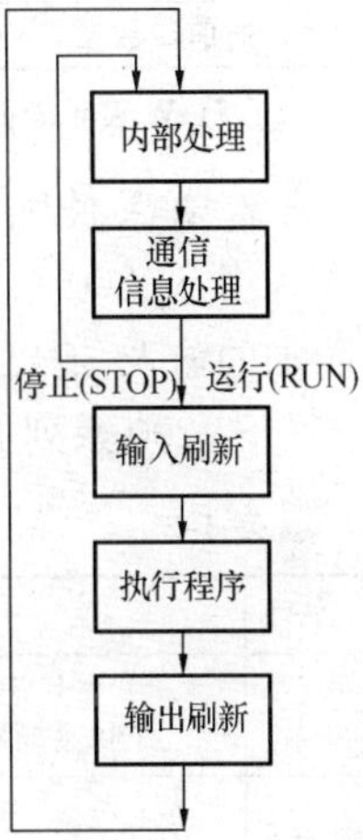

（1）CPU 自诊断等内部处理阶段：CPU 检测主机硬件，同时检测所有输入/输出（I/O）模块的状态，进行系统初始化，检测系统工作模式等。

（2）通信信息处理阶段：CPU 自动检测来自各个通信口的通信信息，并对通信信息进行自动处理。

（3）输入刷新阶段：以扫描方式按顺序从输入锁存器中读入所有输入端子的通断状态或输入数据，并将其写入对应的输入状态映像寄存器中，这一过程称为输入刷新。随后关闭输入端口，进入程序执行阶段。在程序执行阶段，即使输入端状态有变化，输入映像寄存器中的状态也不会改变。

（4）执行程序阶段：从输入状态映像寄存器和元件状态寄存器中读入元件状态，经过相应的运算处理后，将结果再写入元件状态映像寄存器中。因此，对于每一个元件来说，元件状态映像寄存器中所存的内容会随着程序的执行而改变。

图 1-2 PLC 的工作原理

（5）输出刷新阶段：当程序所有指令执行完毕，输出状态映像寄存器的通断状态在 CPU 的控制下被一次集中送至输出锁存器中，并通过一定输出方式输出，推动外部相应执行元件工作，这就是 PLC 的输出刷新。

经过 CPU 自诊断等内部处理、通信操作处理、输入刷新、执行程序、输出刷新这五个阶段，完成一个扫描周期。这个过程以同一方式反复重复称为循环扫描工作方式。

三、S7-200 系列可编程控制器的配置

1. S7-200 系列可编程控制器 CPU 的性能比较

S7-200 系列可编程控制器包含多种 CPU，性能比较见表 1-1。

表 1-1 　　　　　　　　　　　S7-200 系列可编程控制器 CPU 的性能比较

型号\指标	CPU221	CPU222	CPU224	CPU226
外形尺寸(mm)	90×80×62	90×80×62	120×80×62	190×80×62
程序存储器(字)	2048	2048	4096	4096
用户数据寄存器(字)	1024	1024	2560	2560
本机 I/O 端口数量	6 输入/4 输出	8 输入/6 输出	14 输入/10 输出	24 输入/16 输出
扩展模块数量	无	2 个	7 个	7 个
数字量 I/O 映像区	256(128 输入/128 输出)	256(128 输入/128 输出)	256(128 输入/128 输出)	256(128 输入/128 输出)
模拟量 I/O 映像区	无	16 输入/16 输出	32 输入/32 输出	32 输入/32 输出
指令执行时间(μs/指令)	0.37	0.37	0.37	0.37
I/O 映像寄存器	128I 和 128Q	128I 和 128Q	128I 和 128Q	128I 和 128Q
内部辅助继电器(个)	256	256	256	256

型号 指标	CPU221	CPU222	CPU224	CPU226
计数器/定时器(个)	256/256	256/256	256/256	256/256
字输入/字输出	无	16 输入/16 输出	32 输入/32 输出	32 输入/32 输出
顺控状态继电器	256	256	256	256
内置高速计数器	4H/W①(20kHz)	4H/W(20kHz)	6H/W(20kHz)	6H/W(20kHz)
脉冲输出	2(20kHz，DC)	2(20kHz，DC)	2(20kHz，DC)	2(20kHz，DC)
定时中断	2(1～255ms)	2(1～255ms)	2(1～255ms)	2(1～255ms)
通信口数量(个)	1(RS-485)	1(RS-485)	1(RS-485)	2(RS-485)

① H/W 表示硬件计数器。

2. 扩展模块

当 S7-200 系列 CPU 模块提供的本机输入/输出端不足时，可通过增加扩展模块的方法提供附加的输入/输出端，通过模拟量处理模块增加模拟量控制功能。

S7-200 系列 PLC 扩展模块的型号及功能见表 1-2。

表 1-2   S7-200 系列 PLC 扩展模块的型号及功能

序号	型号	功　能	消耗电流（mA）
1	EM221 DI8×24V DC，8 输入	数字量输入：8 点	30
2	EM222 DO8×24V DC，输出	数字量输出：8 点，晶体管输出型	50
3	EM222 DO8×继电器	数字量输出：8 点，继电器输出型	40
4	EM223 DI4/DO4×24V DC	输入：4 点，输出：4 点，晶体管输出型	40
5	EM223 DI4/DO4×继电器	输入：4 点，输出：4 点，继电器输出型	40
6	EM223 DI8/DO8×24V DC	输入：8 点，输出：8 点，晶体管输出型	80
7	EM223 DI8/DO8×继电器	输入：8 点，输出：8 点，继电器输出型	80
8	EM223 DI16/DO16×24V DC	输入：16 点，输出：16 点，晶体管输出型	160
9	EM223 DI16/DO16×继电器	输入：16 点，输出：16 点，继电器输出型	150
10	EM231 4AI×12 位	模拟量输入：4 通道，12 位	20
11	EM231 4AI×16 位	高速模拟量输入：4 通道，16 位	20
12	EM231 8AI×16 位	模拟量输入：8 通道，16 位	20
13	EM232 4AQ×12 位	模拟量输出：4 通道，12 位	20
14	EM235 4AI/1AQ×12 位	模拟量输入：4 通道，模拟量输出：1 通道	30
15	EM277	连接 PROFIBUS-DP	150

3. S7-200 系列 PLC 最大配置

（1）模块数量。

CPU221：不能扩展；

CPU222：最多扩展 2 个模块；

CPU224、CPU226：最多扩展 7 个模块。

（2）数字量映像寄存器大小。每个 CPU 允许的数字量是 128 个输入和 128 个输出。由于该逻辑空间按 8 点模块分配，因此有些点无法被寻址。

（3）模拟量映像寄存器。CPU222：16 输入/16 输出；

CPU224、CPU226：32 输入/32 输出。

（4）S7-200 系列 PLC 的 CPU22X 系列扩展能力见表 1-3。

表 1-3   S7-200 系列 PLC 的 CPU22X 系列扩展能力

型 号	扩展模块数量（个）	最大扩展电流（mA）
CPU221	无	0
CPU222	2	340
CPU224	7	660
CPU226	7	1000

4. S7-200 系列 PLC 的安装

（1）可以利用安装孔直接把模块固定在衬板上，或者利用 DIN 夹子把模块固定在标准的 DIN 导轨上。

（2）每隔 75mm，安装一个 DIN 导轨。

（3）打开位于模块底部的 DIN 夹子，将 CPU 模块背面嵌入 DIN 导轨。

（4）合上 DIN 夹子，仔细检查模块上的 DIN 夹子与 DIN 导轨是否紧密固定好。

5. S7-200 系列 PLC 扩展模块的安装

（1）打开位于模块底部的 DIN 夹子，紧靠 CPU 模块或扩展模块，将需要扩展的模块背面嵌入 DIN 导轨。

（2）合上 DIN 夹子，仔细检查模块上的 DIN 夹子与 DIN 导轨是否紧密固定好。

（3）保证正确的电缆方向，把扩展模块电缆插到 CPU 模块前盖下的连接器上。

 技能训练

一、训练目标

掌握西门子 S7-200 系列可编程控制器安装过程和要求。

二、训练内容与步骤

1. 西门子 S7-200 系列可编程控制器的安装

（1）可以利用安装孔直接把模块固定在衬板上，或者利用 DIN 夹子把模块固定在标准的 DIN 导轨上。

（2）打开位于模块底部的 DIN 夹子，将 CPU 模块背面嵌入 DIN 导轨。

（3）合上 DIN 夹子，仔细检查模块上的 DIN 夹子与 DIN 导轨是否紧密固定好。

2. S7-200 系列 PLC 扩展模块的安装

（1）打开位于模块底部的 DIN 夹子，紧靠 CPU 模块或扩展模块，将需要扩展的模块背面嵌入 DIN 导轨。

（2）合上 DIN 夹子，仔细检查模块上的 DIN 夹子与 DIN 导轨是否紧密固定好。

（3）保证正确的电缆方向，把扩展模块电缆插到 CPU 模块前盖下的连接器上。

3. 交流安装接线

交流安装接线示意图如图 1-3 所示。

（1）用一台断路器将电源与 CPU、所有输入电路和输出电路隔离。

（2）用一台过电流保护设备保护 CPU 的安全，也可以为每个输出点加装一个熔断器进行保护。

（3）将所有接地端子与最近的接地点相连接，以便提高抗干扰能力。

（4）本机单元的传感器电源可用于本机单元的输入，将传感器供电的 M 端接到地上可获得最佳的噪声抑制效果。

4. 直流安装接线

直流安装接线示意图如图 1-4 所示。

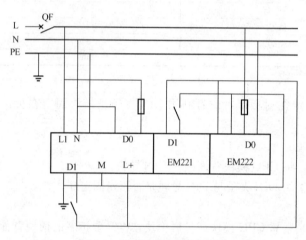

图 1-3　交流安装接线示意图

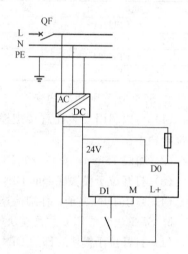

图 1-4　直流安装接线示意图

（1）用一个断路器将电源与 CPU、所有输入电路和输出电路隔离。

（2）用一台过电流保护设备保护 CPU 的安全，也可以为每个输出点加装一个熔断器进行保护。

（3）外接一个电容，确保直流电源有足够大的抗冲击能力。

（4）把所有直流电源接地，以得到最佳的噪声抑制效果。

（5）将所有接地端子与最近的接地点相连接，以便提高抗干扰能力。

任务 2　认识西门子 S7-200 系列可编程控制器的软元件与编程语言

 基础知识

一、S7-200 系列 PLC 的软元件

1. 软元件

用户使用的每一个输入/输出及内部的每一个存储单元都称为软元件，每个软元件有其不同的功能，有固定的地址。软元件的数量由监控程序规定，它的多少就决定了 PLC 的规模及数据处理能力。

　　S7-200 系列 PLC 的软元件采用区域号加区域内编号的方式编址，即 PLC 根据软元件的功能不同，分成许多区域，如输入继电器、输出继电器、定时器、计数器等，分别用 I、Q、T、C 等表示。

　　在 PLC 内部并不存在这些物理器件，与其对应的是存储器的基本单元，一个继电器对应一个基本单元（即 1 位，1bit），8 个基本单元形成一个 8 位二进制数，通常称为 1 个字节（1byte=1B），正好占用存储器的 1 个存储单元。连续 2 个存储单元构成 1 个 16 进制数，通常称为 1 个字（word=1W）。连续的 2 个字组成 1 个双字（double word=1D）元件。使用这些编程软元件，实质上就是对这些软元件的存取访问。

　　2. 输入继电器（I）

　　输入继电器与 PLC 的输入端相连，是 PLC 接收外部开关信号的接口。输入继电器是光隔离的电子继电器，其常开触点（a 触点，又称动合触点）和常闭触点（b 触点，又称动断触点）在编程中使用次数不限。这些触点在 PLC 内可自由使用。S7-200 系列 PLC 输入继电器对应的输入映像寄存器的状态在每个扫描周期由现场送来的输入信号状态决定。输入映像寄存器可以按字节．位的编址方式读取 1 个继电器的状态，也可以按字节、字、双字访问。

　　CPU226 对应的输入继电器为 I0.0～I2.7，共 24 位。

　　需要注意的是，输入继电器只能由外部信号来驱动，不能用程序或内部指令来驱动，其触点也不能直接输出去驱动执行元件。

　　3. 输出继电器（Q）

　　输出继电器的外部输出触点连接到 PLC 的输出端子上，输出继电器是 PLC 用来传递信号到外部负载的元件。每一个输出继电器有一个外部输出的常开触点。输出继电器的常开、常闭触点，当作内部编程的触点使用时，使用次数不限。

　　输出映像寄存器可以按字节．位的编址方式读取 1 个继电器的状态，也可以按字节、字、双字访问。

　　CPU226 对应的输出继电器为 Q0.0～Q1.7，共 16 位。

　　4. 辅助继电器（M）

　　在 PLC 逻辑运算中，经常需要一些中间继电器作辅助运算用，这些元件不直接对外输入、输出，经常用作暂存、移动运算等。这类继电器称作辅助继电器。还有一类特殊用途的辅助继电器，如定时时钟、进位/借位标志、启停控制、单步运行等，它们能为编程提供许多方便。PLC 内辅助继电器与输出继电器一样，由 PLC 内各软元件驱动，它的常开、常闭触点在 PLC 编程时可以无限次地自由使用。但这些触点不能直接驱动外部负载，外部负载必须由输出继电器来驱动。

　　辅助继电器可以按字节．位的编址方式读取 1 个辅助继电器的状态，也可以按字节、字、双字访问。

　　CPU226 对应的辅助继电器为 M0.0～M31.7，共 256 位。

　　5. 特殊辅助继电器（SM）

　　特殊辅助继电器用来存储系统的状态变量及有关的控制参数和信息。它是系统与用户程序之间的交互界面：用户可以通过特殊辅助继电器来沟通 PLC 与被控对象之间的信息；PLC 通过特殊辅助继电器为用户提供一些特殊控制功能和信息。用户也可以通过特殊辅助继电器对 PLC 的操作提出特殊要求。

　　CPU226 对应的特殊辅助继电器为 SM0.0～SM299.7。

　　6. 数据寄存器

　　数据寄存器用于寄存数据运算、参数设置、模拟量控制和程序运行中的中间数据结果。数据寄存器可以按位、字节、字、双字访问。

数据寄存器按位访问为 V0.0～V5119.7，按字节访问为 VB0～VB5119。

7. 定时器（T）

定时器在 PLC 中的作用相当于时间继电器，它有一个设定值寄存器和一个当前值寄存器，以及输出触点。定时器是根据时钟脉冲的累计计时的。时钟脉冲有 1、10、100ms 三种，当所计时脉冲达到设定值时，其输出触点动作。

S7-200 系列 PLC 的定时器数量为 256 个，T0～T255，定时精度分别为 1、10、100ms。1ms 的定时器有 4 个，10ms 的定时器有 16 个，100ms 定时器有 236 个。这些定时器又分为三种，即接通延时定时器 TON、断开延时定时器 TOF 和保持型接通延时定时器 TONR。

S7-200 系列 PLC 的定时器编号见表 1-4。

表 1-4   ST-200 系列 PLC 的定时器编号

类 型	定时精度（ms）	最大当前值	编 号
TON/TOF	1	32.767	T32，T96
	10	327.67	T33～T36，T97～T100
	100	3276.7	T37～T63，T101～T235
TONR	1	32.767	T0，T64
	10	327.67	T1～T4，T65～T68
	100	3276.7	T5～T31，T69～T95

在使用时，不可把一个定时器同时用作 TON 和 TOF。定时器号表示两方面信息，即表示定时器的当前值和定时器的状态，每个定时器都有 1 个 16 位的当前值寄存器和 1 个状态位。

定时器的当前值表示当前定时所累计的时间，用 16 位整数表示。当定时器当前值达到设定值时，定时器状态位为"ON"。

8. 计数器（C）

计数器用于对输入脉冲的个数进行计数，实现计数控制。

使用计数器时，要提前在程序中给出计数的设定值，当满足计数输入条件时，计数器开始累计计数输入端的脉冲前沿的次数，当计数器的当前值达到设定值时，计数器动作。

S7-200 系列 PLC 的计数器有三种，即增计数器（CTU）、减计数器（CTD）和增减计数器（CTUD），共有 256 个。

计数器的编号由计数器名称和地址常数组成，其编号为 C0～C255。在同一程序中，每个计数器的编号只能用于三种计数器的其中一类。

每个计数器都有 1 个 16 位的当前值寄存器和 1 个状态位。

计数器的当前值表示当前计数器所累计的次数，用 16 位整数表示。对于增计数器、增减计数器，当计数器当前值达到设定值时，计数器状态位为"ON"；对于减计数器，当前值减为 0 时、计数器状态位为"ON"。

9. 状态继电器（S）

状态继电器是步进编程时重要的编程元件，使用状态继电器和相应的步进指令，可以编制复杂的步进顺序控制程序。

状态继电器编号为 S0.0～S31.7。

10. 高速计数器（HC）

普通计数器的计数频率受扫描周期制约，在需要高频计数时，可使用高速计数器。与高速计数器对应的数据是高速计数器的当前值，是一个带符号的 32 位双字型数据。

11. 累加器（AC）

累加器用于暂存数据，可以向子程序传递参数，或从子程序返回参数，也可以存放运算数据、中间数据和结果。

S7-200 系列 PLC 共有 4 个 32 位的累加器，编号为 AC0～AC3。

12. 局部变量存储器（L）

局部变量存储器用于存储局部变量。S7-200 系列 PLC 有 64 个字节局部变量存储器，其中 60 个可以用作暂存寄存器或给子程序传递参数。

S7-200 系列 PLC 的局部变量存储器按字节访问是 LB0～LB63。

13. 模拟量输入映像寄存器

模拟信号经过模/数（A/D）转换器转换后变成数字量，存储在模拟量输入映像寄存器中。

14. 模拟量输出映像寄存器

将要转换成模拟量的数字量写入模拟量输出映像寄存器，通过 PLC 的 D/A 转换成模拟量输出。

对模拟量输入寄存器只能作读取操作，对模拟量输出寄存器只能作写入处理。

二、S7-200 系列 PLC 的软元件寻址方式

1. 直接寻址

S7-200 系列 PLC 的软元件存储单元按字节进行编址，无论所寻址的为何种数据类型，一般应指定所在存储区域内的字节地址。每个存储单元有唯一的地址，这种直接指出元件地址的寻址方式称为直接寻址。

（1）位寻址。按位寻址格式是 VX. Y，其中 V 为软元件名称，X 为字节地址，Y 为位地址。可以按位寻址的软元件有输入继电器（I）、输出继电器（Q）、辅助继电器（M）、特殊辅助继电器（SM）、局部变量存储器（L）、变量寄存器（V）、状态继电器（S）。

（2）字节、字、双字寻址。按字节、字、双字软元件直接寻址时，必须指定软元件的名称、数据类型和首地址。寻址格式是 VGX，其中：V 为软元件名称，取值为 I、Q、M、S、T、C 等；G 为数据类型，取值分别为字节（B）、字（W）、双字（D）；X 为字节、字、双字地址。

（3）特殊器件的寻址。存储区内有一些软元件寻址时不必指定它们的字节，而是直接写出其标号即可，这类软元件包括定时器（T）、计数器（C）、高速计数器（HC）、累加器（AC）。

定时器包括定时器当前值和定时器状态两方面信息，如定时器 T37，可以表示定时器当前值，也可表示定时器状态位。当数据元件使用时表示定时器当前值，当位元件使用时表示定时器状态位。

累加器的数据长度可以是字节、字、双字，使用时只需表示出累加器的标号，数据长度取决于进出累加器的数据类型。

2. 间接寻址

间接寻址方式是指数据存放在存储器或寄存器中，在指令中只出现所需数据的内存地址。在间接寻址中，不能根据地址直接找到数据，必须根据地址寻找数据寄存器的位置，然后才根据此地址寻找参与参数操作的数据。存储单元地址的地址又称为地址指针。

间接寻址操作过程如下：

（1）建立指针；

（2）用指针存取数据；

（3）修改指针。

三、S7-200 系列 PLC 的编程语言

PLC 编程语言有五种，即梯形图、指令语句表、步进顺控图、逻辑功能图、高级编程语言。

1. 梯形图

梯形图是最直观、最简单的一种编程语言，它类似于继电接触控制系统形式，逻辑关系明显，在电气控制线路继电接触控制逻辑基础上使用简化的符号演变而来，形象、直观、实用，电气技术人员容易理解，是目前用得较多的一种 PLC 编程语言。

继电接触控制线路图和梯形图如图 1-5 所示。由图可见，两种控制图逻辑含义是一样的，但具体表示方法有本质区别。梯形图中的继电器、定时器、计数器不是物理实物继电器、实物定时器、实物计数器，这些器件实际是 PLC 存储器中的存储位，因此称为软元件。相应的位为"1"状态，表示该继电器线圈通电、常开触点闭合、常闭触点断开。

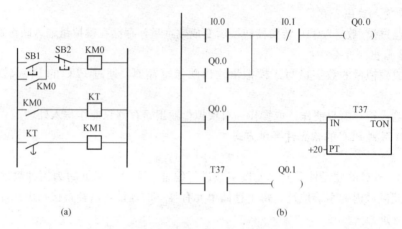

图 1-5　控制线路图和梯形图

(a) 控制线路图；(b) 梯形图

梯形图左右两端的母线是不接任何电源的。梯形图中并没有真实的物理电流流动，而是概念电流（假想电流）。假想电流方向只能是从左到右，从上到下。假想电流是执行用户程序时满足输出执行条件的形象理解。

梯形图由多个梯级组成，每个梯级由一个或多个支路和输出元件构成。右边的输出元件是必须的。例如图 1-5 (b) 的梯形图是由三个梯级构成的，梯级一有 4 个编程元件，输入元件 I0.0、I0.1 表示按钮开关触点，第二行的 Q0.0 表示接触器触点，括号中的 Q0.0 表示接触器线圈，线圈 Q0.0 是输出元件。

2. 指令语句表

指令语句表是一种与计算机汇编语言相类似的助记符编程语言，简称语句表，它用一系列操作指令组成的语句描述控制过程，并通过编程器送到 PLC 中。不同厂家的指令语句表使用的助记符不相同，因此，一个功能相同的梯形图，书写的指令语句表并不相同。表 1-5 是 S7-200 系列 PLC 指令语句表，完成图 1-5 (b) 控制功能编写的程序。

表 1-5　　　　　　　　　　　　S7-200 系列 PLC 指令语句表

指令操作码（助记符）	操作数（参数）	说　　明
LD	I0.0	输入 I0.0 常开触点　逻辑行开始
O	Q0.0	并联 Q0.0 自保触点
AN	I0.1	串联 I0.1 常闭触点
=	Q0.0	输出 Q0.0　逻辑行结束
LD	Q0.00	输入 Q0.0 常开触点　逻辑行开始
TON	T37，20	驱动定时器 T37
LD	T37	输入 T37 常开触点　逻辑行开始
=	Q0.1	输出 Q0.1　逻辑行结束

指令语句表编程语言程序是由若干条语句组成的程序。语句是程序的最小独立单元，每个操作功能由一条语句来表示。PLC 的语句由指令操作码和操作数两部分组成。操作码由助记符表示，用来说明操作的功能，告诉 CPU 做什么，例如逻辑运算的与、或、非等，算术运算的加、减、乘、除等。操作数一般由标识符和参数组成。标识符表示操作数类别，例如输入继电器、定时器、计数器等；参数表示操作数地址或预定值。

3. 步进顺控图

步进顺控图简称步进图，又叫状态流程图或状态转移图，它是使用状态来描述控制任务或过程的流程图，是一种专用于工业顺序控制的程序设计语言。它能完整地描述控制系统的工作过程、功能和特性，是分析、设计电气控制系统控制程序的重要工具。步进顺控图如图 1-6 所示。

4. 逻辑功能图

逻辑功能图与数字电路的逻辑图极为相似，模块有输入/输出端，使用与、或、非、异或等逻辑描述输出和输入端的逻辑关系，模块间的连接方式与电路连接方式基本相同。逻辑功能图编程语言，直观易懂，具有数字电路知识的人很容易掌握，图 1-7 是一个先"或"后"与"操作的逻辑功能图。

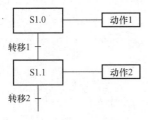

图 1-6　步进顺控图

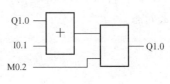

图 1-7　逻辑功能图

技能训练

一、训练目标

（1）认识 S7-200 系列 PLC 的通用辅助继电器。

（2）了解 S7-200 系列 PLC 的特殊辅助继电器。

二、训练设备、器材

S7-200 系列 PLC 主机、按钮开关、计算机、PLC 编程软件等。

三、训练内容与步骤

1. 通用辅助继电器的应用

实训步骤如下：

（1）按图 1-8 所示电路配置元器件，连接线路。

（2）输入图 1-9 所示测试程序。

（3）拨动 PLC 的运行停止（RUN/STOP）开关，使 PLC 处于运行（RUN）状态。

（4）按下 SB1，观察和记录输出点 Q0.1 和负载的状态。

（5）按下 SB2，观察和记录 M0.1 及输出点 Q0.2 和负载的状态。

（6）按下 SB3，观察和记录 M0.1 及输出点 Q0.1、Q0.2 和负载的状态。

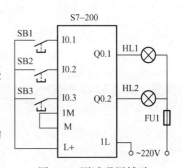

图 1-8　测试通用辅助继电器的接线图

11

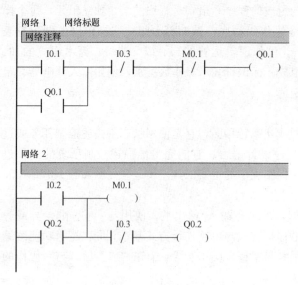

图 1-9 测试程序

2. 特殊辅助继电器应用

实训步骤如下：

（1）按图 1-10 所示电路配置元器件，连接线路。

（2）输入图 1-11 所示测试程序。

（3）拨动 PLC 的 RUN/STOP 开关，使 PLC 处于 RUN 状态。

（4）观察、记录输出点 Q0.1、Q0.2 的初始状态。

（5）按下 SB2，观察特殊辅助继电器 SM0.0、SM0.1、SM0.5 的状态变化，观察、记录输出点 Q0.1、Q0.2 的状态。

（6）按下 SB1，观察特殊辅助继电器 SM0.0、SM0.1、SM0.5 的状态变化，观察、记录输出点 Q0.1、Q0.2 的状态。

（7）按下 SB2，观察特殊辅助继电器 SM0.0、SM0.1、SM0.5 的状态变化，观察、记录输出点 Q0.1、Q0.2 的状态。

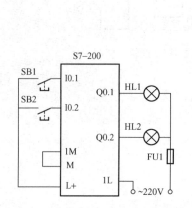

图 1-10 测试特殊辅助继电器的接线图

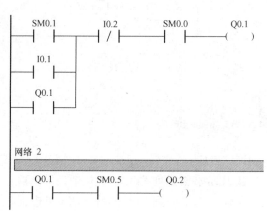

图 1-11 测试特殊辅助继电器程序

项目二 学会使用 STEP 7-Micro/WIN 编程软件

学习目标

----

(1) 学会启动、退出 STEP 7-Micro/WIN 编程软件。

(2) 学会创建、打开、保存、删除和关闭工程。

(3) 学会输入、编辑梯形图程序。

(4) 学会输入、编辑指令表程序。

(5) 学会下载、上传 PLC 程序。

(6) 学会远程控制、监视 PLC 运行。

任务 3 应用 STEP 7-Micro/WIN 编程软件

基础知识

一、STEP 7-Micro/WIN 编程软件简介

STEP 7-Micro/WIN 是 S7-200 系列 PLC 的编程软件,在个人计算机 Windows 操作系统下运行。它功能强大,简单易学,使用方便。计算机通过 PC/PPI 电缆与 S7-200 系列 PLC 进行通信。

STEP 7-Micro/WIN 具有三种编程语言,即梯形图 (LAD)、指令语句表 (STL)、功能模块 (FBD)。三种编程语言可以相互转换,便于用户选择使用。

STEP 7-Micro/WIN 功能强大,提供程序在线编辑、监控、调试,支持子程序、中断程序编辑。

对于 PLC 的网络通信、模拟量处理、高速计数器等复杂编程,STEP 7-Micro/WIN 设计了向导,通过对话方式,指导用户逐步设计参数,编制完成用户程序。用户也可以通过系统块来完成大量参数的设置。

1. STEP 7-Micro/WIN 编程界面

启动 STEP 7-Micro/WIN 编程软件,进入图 2-1 所示的 STEP 7-Micro/WIN 编程界面。

主界面分为菜单栏、工具栏、状态栏、浏览条、指令树、输出窗口、程序编辑器等编程区域。

(1) 菜单栏:显示供用户使用的主菜单,包括文件、编辑、查看、PLC、调试、工具、窗口、帮助等主菜单。

(2) 工具栏:显示供用户使用的常用命令或工具的快捷按钮,通过鼠标单击,就可完成相应的工作。

菜单栏　　　　　　　　　　　　工具栏

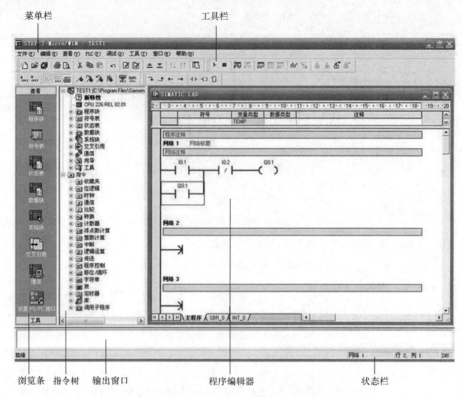

浏览条　指令树　输出窗口　　　　　程序编辑器　　　　　　　状态栏

图 2-1　STEP 7-Micro/WIN 编程界面

（3）状态栏：显示在 STEP 7-Micro/WIN 编程软件中操作状态的信息。

（4）浏览条：显示常用的按钮群组，包括两个检视和工具组件框。

1）检视：显示程序块、符号块、状态表、数据块、系统块、交叉参考、通信和设置 PG/PC 接口等。

2）工具：显示指令向导、TD200 向导、位置控制向导、配方向导等。

（5）指令树：提供编程时用到的所有快捷操作命令和 PLC 指令；可以在打开的项目分支中对所打开项目的对象进行操作，利用指令分支快速输入编辑指令。

（6）输出窗口：在编译程序或指令库时提供信息。当输出口列出程序错误时，双击错误信息，会在程序编辑器中自动显示相应的程序网络。程序编辑完成，可以点击执行"PLC"主菜单下的"编译"子菜单命令，就会在输出窗口显示是否有错，有几条错误，错误所在的行、列；如果没错，显示"0 个错误"。

（7）程序编辑器：可用指令语句表、梯形图、功能模块编辑器编制用户程序。单击程序编辑器底部的标签，可以在主程序、子程序、中断程序编辑界面间移动、切换。

2. STEP 7-Micro/WIN 的菜单

菜单提供用户使用鼠标操作的各种命令和工具。STEP 7-Micro/WIN 编程软件包括文件、编辑、查看、PLC、调试、工具、窗口、帮助等主菜单。

菜单栏各项功能如下：

（1）文件菜单。如图 2-2 所示，文件菜单操作可以完成新建、打开、关闭、保存、另存文件，导入、导出".awl"文件，上载、下载程序和库操作，文件页面设置、打印预览、打印、退出等操作。

（2）编辑菜单。如图 2-3 所示，编辑菜单可完成撤销、剪切、复制、粘贴、全选（程序块或

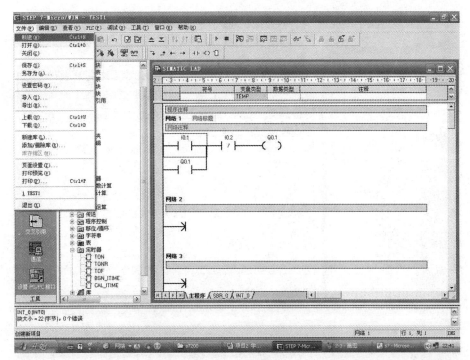

图 2-2 文件菜单

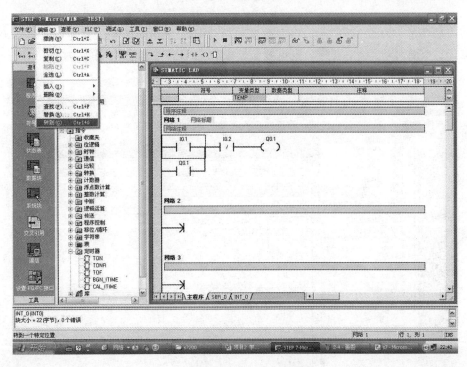

图 2-3 编辑菜单

数据块)、插入、删除,同时提供查找、替换、转到(光标定位)等功能。

(3)查看菜单。如图 2-4 所示,查看菜单包括选择指令语句表(STL)、梯形图、功能模块(FBD)编辑器,在组件选择执行浏览条的任意项操作;包括是否显示注释、符号、属性操作;设置软件开发风格,如决定其他辅助窗口(指令树、浏览条、工具栏按钮区)的打开与关闭。

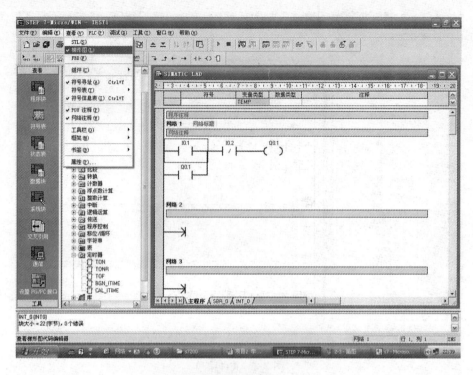

图 2-4　查看菜单

（4）PLC 菜单。如图 2-5 所示，PLC 菜单包括与 PLC 联机时的相关操作，强制 PLC 运行、停止；编译、全部编译、清除程序、上电复位、查看 PLC 信息和存储卡操作，建立数据块、实时时钟、程序比较；PLC 类型选择和通信设置等。

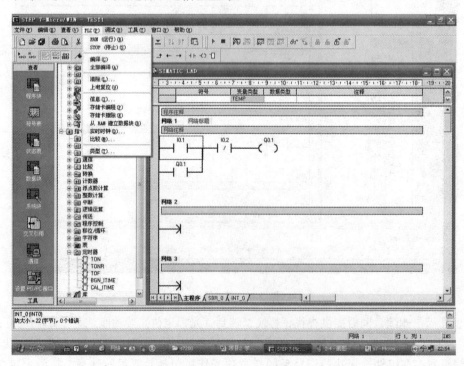

图 2-5　PLC 菜单

(5) 调试菜单。如图 2-6 所示，调试菜单主要用于联机调试，可进行扫描方式设置，程序执行和状态监控选择；状态表的读取和全部写入，运行模式下的程序编辑和各种强制方式选择等。

图 2-6 调试菜单

(6) 工具菜单。如图 2-7 所示，可以调用复杂指令向导，使复杂指令编程简化，可用"选项"子菜单设置程序编辑器风格，仅显示符号、显示符号和地址、只显示地址；还可设置语言模

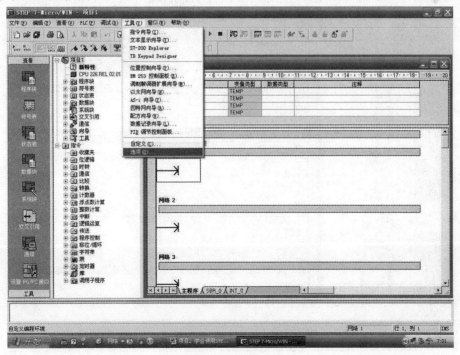

图 2-7 工具菜单

式、颜色、字体、指令盒大小等。

（7）窗口菜单。如图 2-8 所示，可以打开一个或多个窗口，可进行窗口切换，可设置窗口的排列形式，如层叠、水平、垂直等。

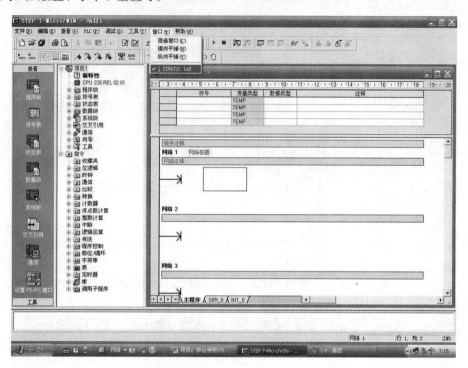

图 2-8　窗口菜单

（8）帮助菜单。如图 2-9 所示，通过帮助菜单上的目录和索引可以查阅所有相关的操作使用

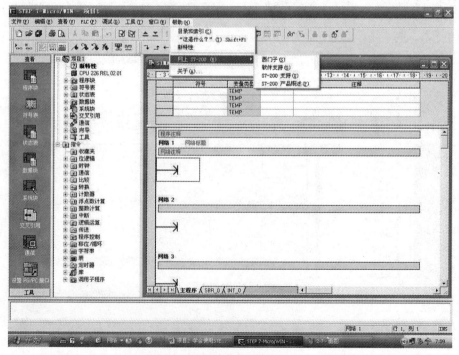

图 2-9　帮助菜单

的帮助信息；在软件使用过程中的任何时候、位置可以按 F1 功能键显示在线帮助，或利用"这是什么？"来打开相应的帮助，方便用户的使用。帮助菜单还提供网上查询功能。

3. STEP 7-Micro/WIN 的工具栏

STEP 7-Micro/WIN 的工具栏如图 2-10 所示，工具栏提供常用菜单命令或工具的快捷按钮，通过鼠标简单的点击操作，就可完成相应的工作。

图 2-10　工具栏

（1）标准工具栏。如图 2-11 所示，标准工具栏包括新建、打开、保存项目，局部编译、全部编译，程序上传、下载，排序、选项等工具按钮。

（2）常用工具栏。如图 2-12 所示，常用工具栏包括插入网络、删除网络、切换注释，建立、应用项目符号等工具按钮。

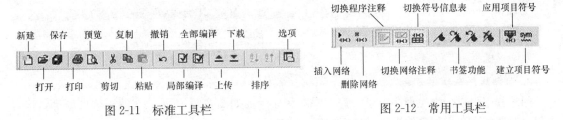

图 2-11　标准工具栏　　　　　　图 2-12　常用工具栏

（3）调试工具栏。如图 2-13 所示，调试工具栏包括运行、停止、程序监控、暂停监控、状态表监控强制操作等工具按钮。

（4）指令工具栏。如图 2-14 所示，指令工具栏包括触点、线圈、指令盒、向下连线、向上连线、向左连线、向右连线等工具按钮。

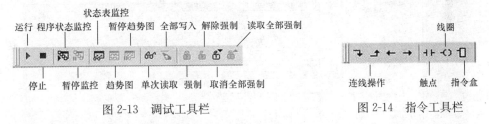

图 2-13　调试工具栏　　　　　　图 2-14　指令工具栏

4. STEP 7-Micro/WIN 的项目及组件

STEP 7-Micro/WIN 编程软件将每一个用户编制的 S7-200 系列 PLC 程序、系统设置等保存在一个项目文件中，扩展名是".mwp"。打开一个扩展名为 .mwp 的文件，就打开了相应的工程项目文件。

如图 2-15 所示，鼠标点击浏览条的视图图标或者双击指令树的项目分支，可以查看项目的各个组件，并可以在各组件间快速切换。

二、定制 STEP 7-Micro/WIN 编程软件

1. 显示和隐藏组件

如图 2-16 所示，鼠标单击"查看"菜单，选择其中一个对象，将其选择标记（对勾√）在有和无之间切换，带标记的选择对象在当前的编辑环境中是打开的。如查看子菜单"符号信息表"对象前标有选择标记，因此，程序编辑区对应显示了符号信息表。

任务
3

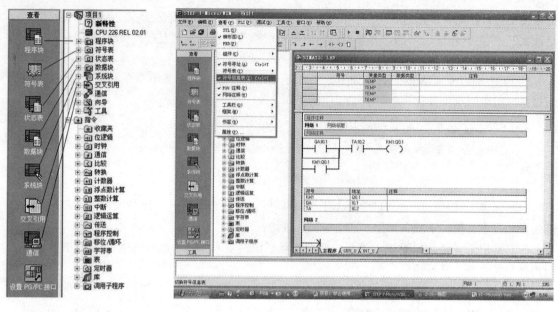

图 2-15　项目及组件　　　　　　　　　图 2-16　显示和隐藏组件

2. 选择程序编辑窗口

用户程序可以分为主程序、子程序、中断程序等。如图 2-17 所示，在编程软件底部，选择主程序标签，可在主程序编辑区域进行编辑。

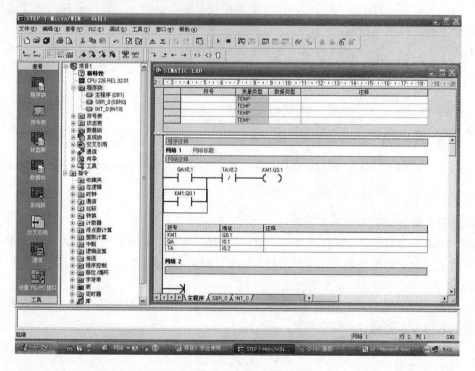

图 2-17　选择程序编辑窗口

3. 改变窗口尺寸

如图 2-18 所示，用鼠标拖动分隔栏可以改变程序编辑区的大小。

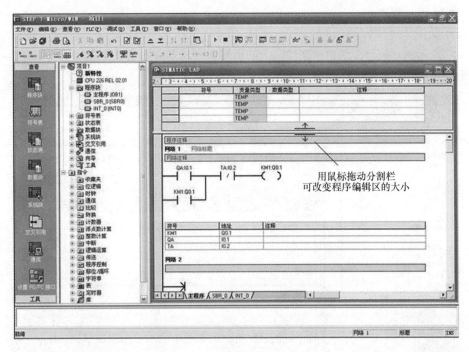

图 2-18 改变程序编辑窗口大小

4. 选择窗口显示方式

如图 2-19 所示，在菜单栏选择"窗口"菜单，当打开多个窗口时，在子菜单中选择不同的菜单，窗口的显示方式不同。当选择"纵向平铺"子菜单时，梯形图窗口和符号表窗口纵向平铺显示。

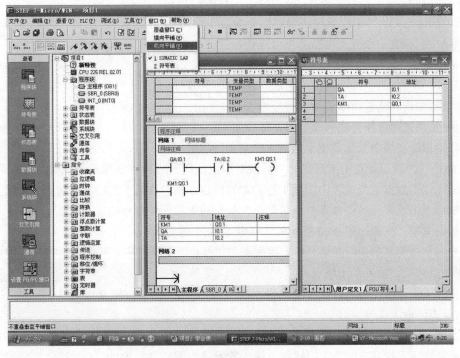

图 2-19 选择窗口显示方式

三、编制 PLC 程序

1. 新建项目

如图 2-20 所示，执行主菜单"文件"下的新建命令或点击标准工具栏最左边的"新建项目"按钮，可以生成一个新项目。

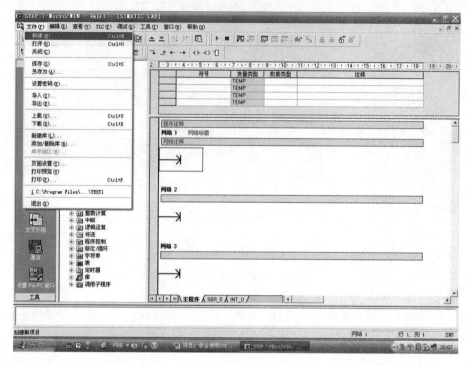

图 2-20　新建项目

STEP 7-Micro/WIN 编程软件将程序划分为若干网络，每个网络只能有一个独立分支电路，或者说网络中只能有一条分支电路与左母线相连。

2. 输入程序

梯形图主要由触点、线圈、指令组成，输入梯形图程序的方法有三种，使用快捷命令按钮输入、按功能键输入和通过指令树指令符号输入。

(1) 使用快捷命令按钮输入梯形图。步骤如下：

1) 移动鼠标使编辑光标定位于网络 1 的第 1 行、第一列；

2) 如图 2-21 所示，点击工具栏的"触点"按钮，弹出图 2-22 所示的触点选择下拉列表；

3) 鼠标点击触点下拉列表中的第 1 行的常开触点选项，在第 1 行第 1 列输入 1 个常开触点；

4) 鼠标点击该常开触点或直接点击红色？号，输入软元件符号地址"I0.1"；

5) 按回车键，完成如图 2-23 所示的常开触点 I0.1 的输入；

6) 光标自动跳到第 1 行的第 2 列，再次点击"触点"工具按钮，从触点下拉列表中选择第 2 行的常闭触点选项，输入常闭触点；

7) 鼠标点击该常闭触点，在符号地址栏位置输入"I0.2"，按回车键确认，完成图 2-24 所示的常闭触点的输入；

8) 如图 2-25 所示，点击"线圈"工具按钮，弹出如图 2-26 所示的线圈类型选择下拉列表；

9) 选择线圈下拉列表的第 1 项线圈，输入软元件线圈的符号地址"Q0.1"，按回车键确认，完成图 2-27 所示的线圈输入；

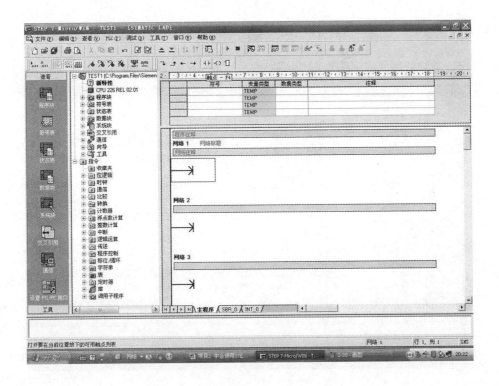

图 2-21　点击"触点"按钮

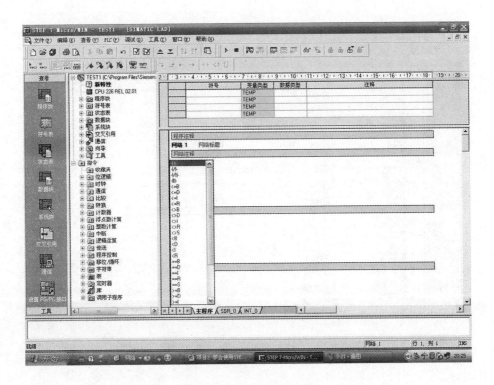

图 2-22　触点选择下拉列表

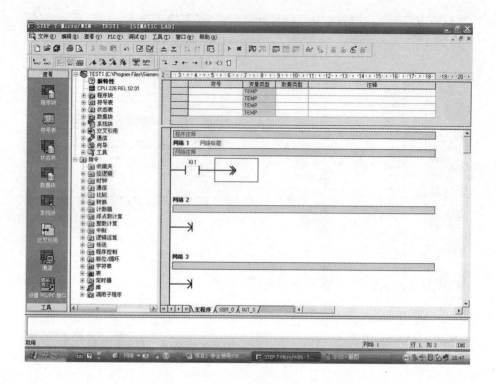

图 2-23 输入常开触点

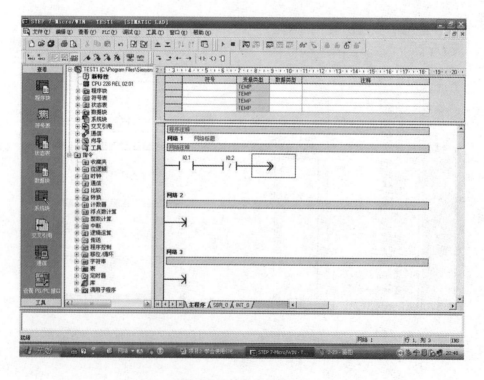

图 2-24 输入常闭触点

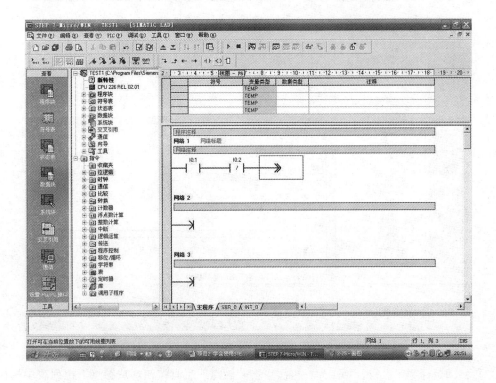

图 2-25　点击线圈按钮

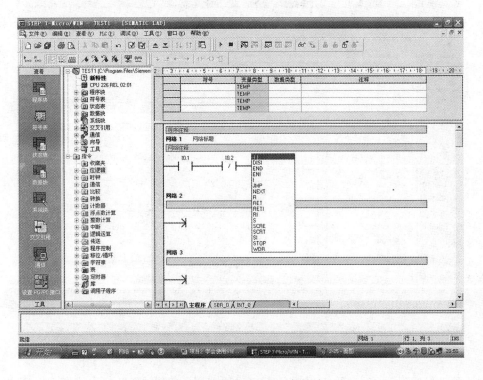

图 2-26　线圈类型选择下拉列表

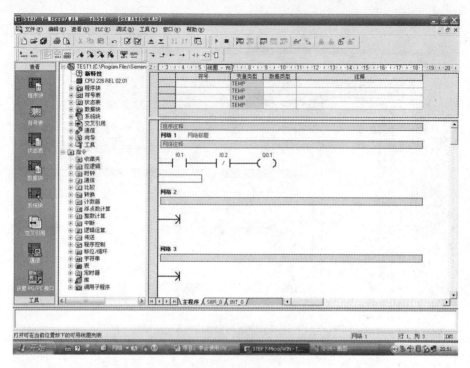

图 2-27　线圈输入

10）移动鼠标到第 2 行、第 1 列，再次点击"触点"工具按钮，从触点下拉列表中选择第 1 行的常开触点选项，输入如图 2-28 所示"Q0.1"常开触点；

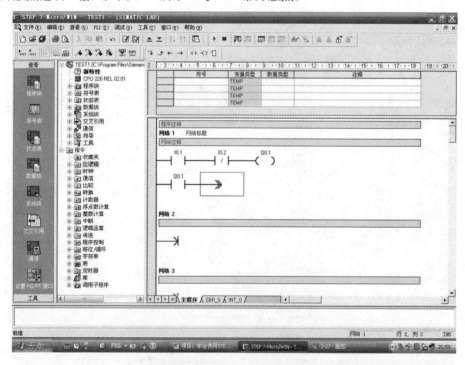

图 2-28　Q0.1 常开触点

11）移动鼠标到第 2 行、第 1 列的 Q0.1 常开触点上，按键盘"Ctrl"＋"↑"或点击工具栏的向上连线按钮，画出如图 2-29 所示的一条竖直直线，完成网络 1 的梯形图输入。

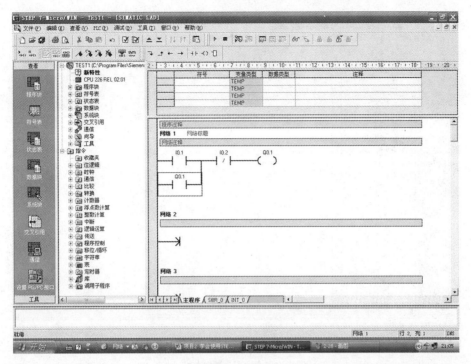

图 2-29 画竖线

（2）通过功能键输入梯形图。步骤如下：

1）按功能键 F4，弹出触点下拉列表，选择列表中第 1 行，按回车键，输入 1 个常开触点；

2）鼠标点击该常开触点或直接点击红色? 号，输入软元件符号地址 "I0.1"；

3）按回车键，完成图 2-23 所示的常开触点 I0.1 的输入；

4）按功能键 F4，弹出触点下拉列表，选择列表中第 2 行，按回车键，输入 1 个常闭触点；

5）鼠标点击该常开触点或直接点击红色? 号，输入软元件符号地址 "I0.2"；

6）按回车键，完成图 2-25 所示的常开触点 I0.2 的输入；

7）按功能键 F6，弹出线圈下拉列表，选择列表中第 1 行，按回车键，输入 1 个线圈；

8）输入该线圈的符号地址 "Q0.1"，按回车键确认，完成线圈的输入；

9）光标移动到第 2 行、第 1 列，输入常开触点 "Q0.1"；

10）按键盘 "Ctrl" + "↑" 或点击工具栏的向上连线按钮，画出图 2-29 所示一条竖直直线，完成网络 1 的梯形图输入。

（3）通过指令树指令符号输入梯形图

1）如图 2-30 所示，点击展开位逻辑指令数；

2）如图 2-31 所示，双击指令树的位逻辑指令的常开指令，在网络 1 的第 1 行、第 1 列光标处，输入 1 个常开触点，直接拖曳常开触点到光标处，也可完成常开触点的输入；

3）鼠标点击该常开触点，输入该触点的符号地址 "I0.1"，按回车键确认，完成常开触点的输入；

4）用类似的方法输入常闭触点 "I0.2"、线圈 "Q0.1"；

5）用类似的方法输入第 2 行、第 1 列的常开触点 "Q0.1"；

6）按键盘 "Ctrl" + "↑" 或点击工具栏的向上连线按钮，画出如图 2-29 所示一条竖直直线，完成网络 1 的梯形图的输入。

7）在梯形图编辑，也可以先直接拖曳触点、线圈到指定位置，然后再逐个编辑输入触点、

27

图 2-30　展开位逻辑指令树

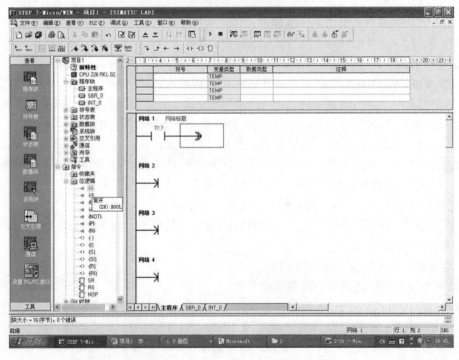

图 2-31　双击指令树常开触点

线圈的符号地址，快速完成梯形图的输入。

（4）编程元素的编辑。编程元素包括单元、指令、网络、符号及地址，编辑方法包括对选定对象的复制、剪切、粘贴、插入、删除等。

（5）插入与覆盖。STEP 7-Micro/WIN 编程软件支持插入与覆盖两种变化模式，可以通过键盘上的"Insert"键切换，在编辑器窗口的右下角显示当前的插入（INS）和覆盖（OVR）模式状态。

插入模式下，在一条指令上放新指令后，新指令被插入，原指令右移。

覆盖模式下，在一条指令上放新指令后，原指令被新指令覆盖。

（6）编程语言的切换。

1）如图 2-32 所示，点击执行"查看"菜单下的"STL"指令表子菜单命令，梯形图编辑界面切换到图 2-33 所示的指令语句表程序编辑界面；

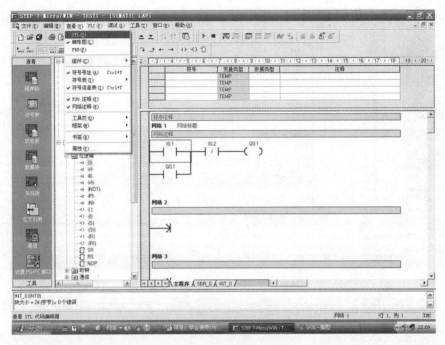

图 2-32　切换到指令表界面

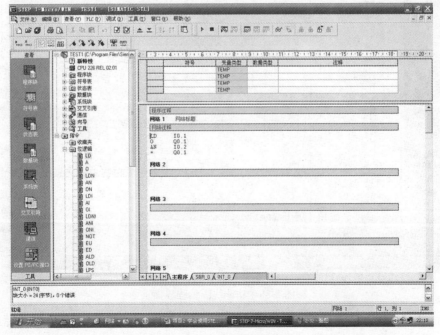

图 2-33　指令表编程界面

2）如图 2-34 所示，点击执行"查看"菜单下的"FBD"功能块图子菜单命令，指令表编辑
界面切换到图 2-35 所示的功能块图程序编辑界面；

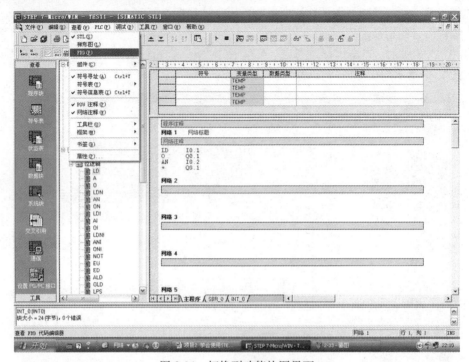

图 2-34　切换到功能块图界面

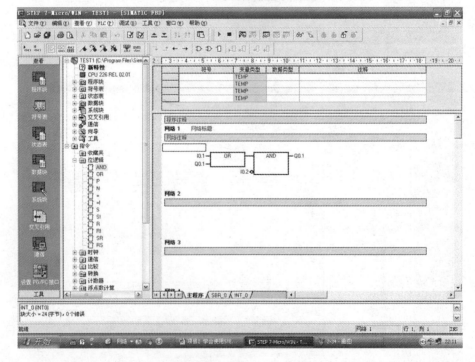

图 2-35　功能块图编程界面

3）如图 2-36 所示，点击执行"查看"菜单下的"梯形图"子菜单命令，功能块图编辑界面
切换到图 2-37 所示的梯形图程序编辑界面。

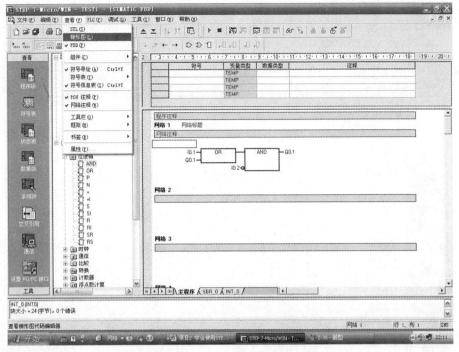

图 2-36　切换到梯形图界面

3. 输入注释

STEP 7-Micro/WIN 编程软件注释分为 4 个级别，分别是程序注释、网络标题注释、网络注释、项目组件属性注释。

（1）程序注释。如图 2-37 所示，单击网络 1 上方的程序注释文本框，可以键入说明程序用途的注释，最多可以输入 4096 个字符。不断单击"查看"菜单下的"POU 注释"可以在程序注

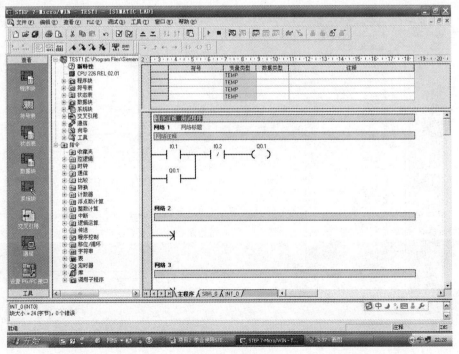

图 2-37　程序注释

释的打开和关闭之间切换。

（2）网络标题注释。如图 2-38 所示，鼠标移动到网络标题行，输入该网络的作用，注释该网络标题。最多可输入 127 个字符。

（3）网络注释。如图 2-39 所示，鼠标移动到网路 m，输入该网络 m 的作用，注释该网络程

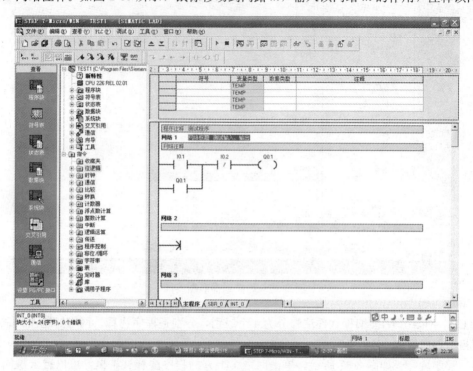

图 2-38　网络标题注释

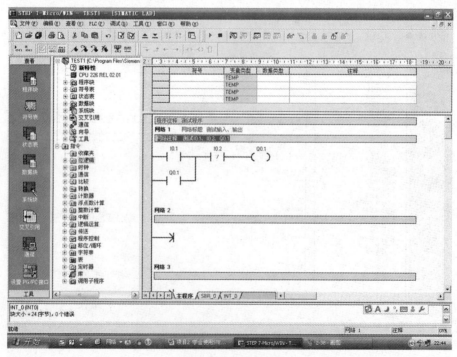

图 2-39　网络注释

序的作用，最多可输入 4096 个字符。不断单击"查看"菜单下的"网络注释"可以在网络注释的打开和关闭之间切换。

（4）项目组件属性注释。

1）如图 2-40 所示，点击执行"查看"菜单下的"属性"子菜单命令，弹出如图 2-41 所示的程序属性对话框；

图 2-40　查看属性

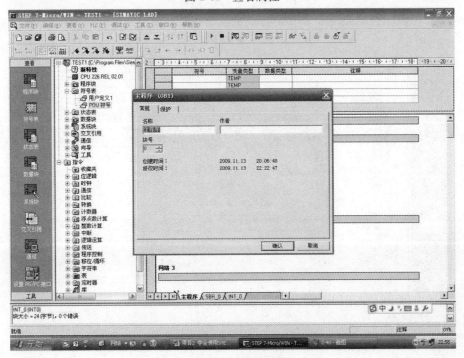

图 2-41　属性对话框

2）在常规标签中可设置程序名称、作者、程序编号等内容，还可显示创建时间、修改时间等；

3）在保护标签中可设置保护密码。

4. 保存项目文件

如图 2-42 所示，点击执行"文件"菜单下的"另存为"子菜单命令，弹出如图 2-43 所示的"另存为"对话框，在对话框中可设置保存项目的路径和文件名。设置完成后，按"保存"按钮，

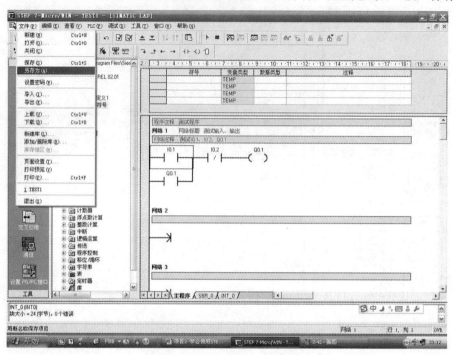

图 2-42　执行另存为命令

图 2-43　另存对话框

完成项目的保存工作。

四、传送 PLC 程序

（1）通过 PPI 电缆连接计算机与 S7-200 系列 PLC。

（2）将 PLC 工作模式设置为 STOP。

（3）给 PLC 通电。

（4）鼠标单击浏览条上的"通信"图标，出现如图 2-44 所示的通信设置窗口。

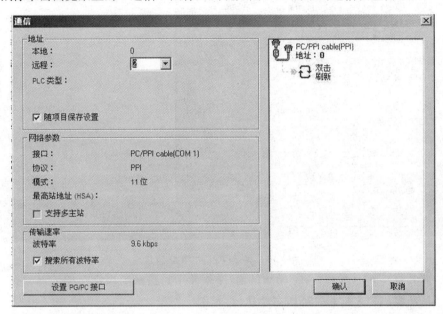

图 2-44 通信设置窗口

（5）窗口左侧显示计算机将通过 PC/PPI 电缆、计算机的 COM1 串口尝试与 PLC 通信，右侧显示本地计算机的网络通信地址是 0，默认的单台 PLC 端口地址是 2。

（6）鼠标双击右侧电缆的"双击刷新"图标，如图 2-45 所示，计算机开始搜索与其连接的 PLC。

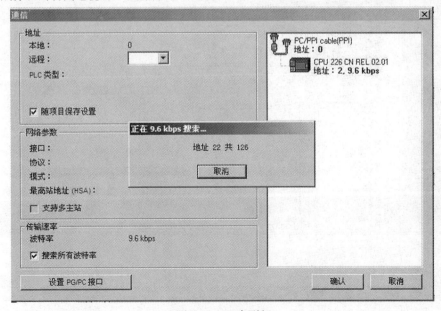

图 2-45 双击刷新

（7）如图 2-46 所示，搜索完成，显示搜索到的设备信息，如 PLC 的类型、接口通信参数、通信波特率、通信端口等。按"确认"按钮，联机通信设置过程完成。

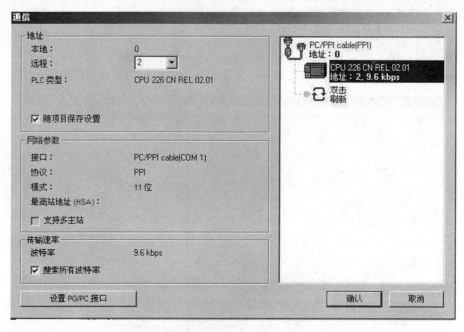

图 2-46　显示联机的 PLC 信息

（8）编译程序。在 STEP 7-Micro/WIN 编程软件中，编辑的程序必须编译成 S7-200 系列 PLC 能识别的机器码，才能下载到 PLC 中执行。

如图 2-47 所示，点击执行"PLC"菜单下的"编译"子菜单命令或点击工具栏的编译按钮，对当前编辑器中的程序进行编译。若选择执行"全部编译"命令，计算机按照顺序编译主程序、

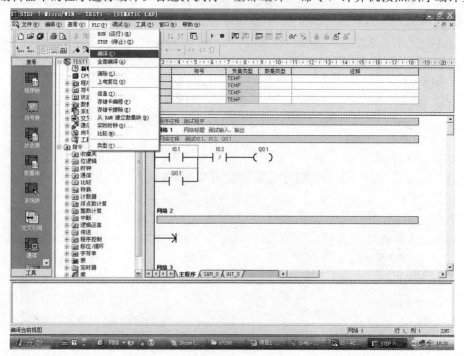

图 2-47　编译

子程序、中断程序等程序块、数据块、系统块等全部软件块，全部编译与窗口是否活动无关。

编译结束，在输出窗口显示结果。如图 2-48 所示，将显示程序块、数据块的大小；如果编程有错误，会显示语法错误的数量、错误原因、错误在程序中的位置。

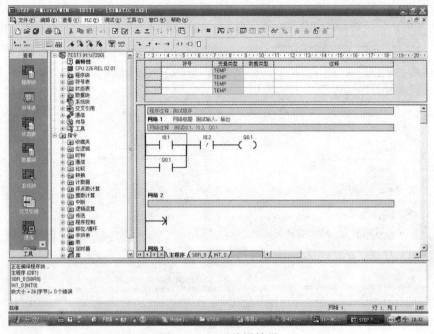

图 2-48　显示编译结果

（9）下载程序。

1）如图 2-49 所示，点击执行"文件"菜单下的"下载"子菜单命令或点击工具栏的"下载"按钮，会出现下载对话框。

2）在对话框中，用户可以选择是否下载程序块、数据块、系统块。如图 2-50 所示，如果项

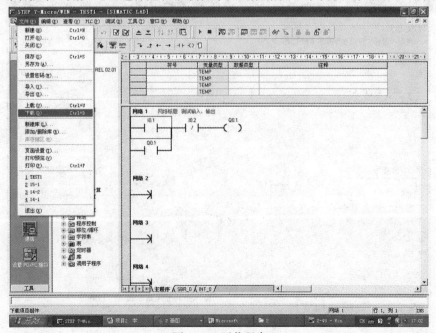

图 2-49　下载程序

37

目中的 PLC 类型与远程联机的 PLC 类型不符，系统提示单击"改动项目"按钮，设置项目 PLC 类型，与远程 PLC 类型相符。

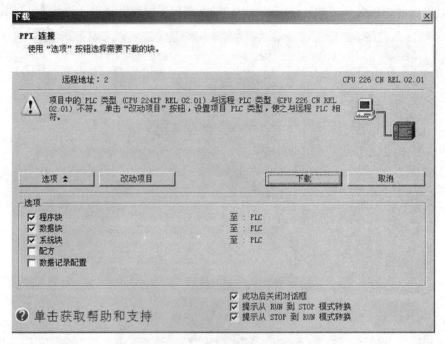

图 2-50　改动项目

3）项目 PLC 类型与远程连接的 PLC 类型一致时，单击"下载"按钮，开始下载程序。如果 PLC 处于 RUN 运行状态，系统会提示"将 PLC 设置为 STOP 模式吗?"选项框，单击"是"按钮，使 PLC 处于 STOP 模式，才可以正式下载程序，同时输出窗口显示如图 2-51 所示的"正在下载至 PLC…"信息。

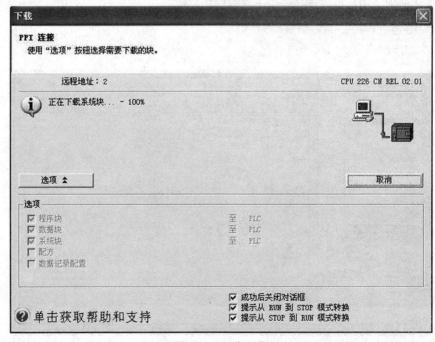

图 2-51　正在下载

4）下载完成，显示"下载成功"信息。

五、监控 PLC 运行

1. 工作模式选择

S7-200 系列 PLC 具有运行 RUN 与停止 STOP 两种操作模式。在停止模式，可以进行创建程序、编辑程序；在运行模式，PLC 读取输入状态、执行用户程序、输出程序运行结果，并与特殊功能模块等外部设备进行通信，进行系统管理，为调试提供数据等。

PLC 的工作模式可以通过工作模式开关设置，可以通过 STEP 7-Micro/WIN 编程软件执行"PLC"菜单下"运行"子菜单命令使 PLC 从停止工作模式转为运行模式；也可以通过 STEP 7-Micro/WIN 编程软件执行"PLC"菜单下"停止"子菜单命令使 PLC 从运行工作模式转为停止工作模式；还可以通过工具栏的运行、停止按钮，控制 PLC 的运行与停止。

2. 梯形图程序运行监视

如图 2-52 所示，点击执行"调试"菜单下的"开始程序状态监控"子菜单命令，梯形图程序进入监控运行状态。

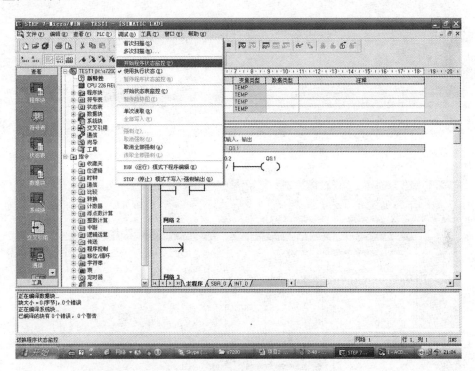

图 2-52　调试

在监视运行状态，梯形图中的触点以蓝色小方框表示触点闭合，线圈以蓝色方框表示得电，定时器、计数器的当前值显示在应用该数据的梯形图旁边。

3. 指令语句表状态监视

（1）如图 2-53 所示，执行"工具"菜单下的"选项"子菜单命令，弹出如图 2-54 所示的"选项"对话框。

（2）在"选项"对话框中，选择程序编辑器的"STL 状态"选项卡。

（3）如图 2-55 所示，选择指令语句表程序状态监视的内容，每条指令可以监控 17 个操作数、逻辑堆栈中的 4 个当前值和 11 个指令状态位。

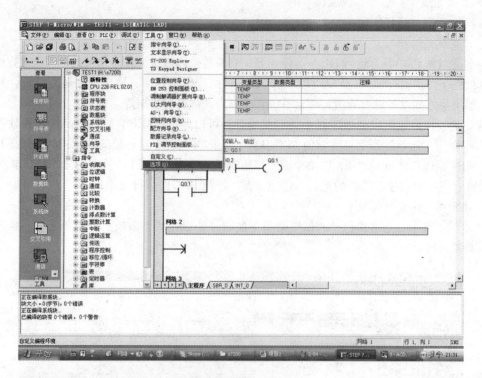

图 2-53　选项命令

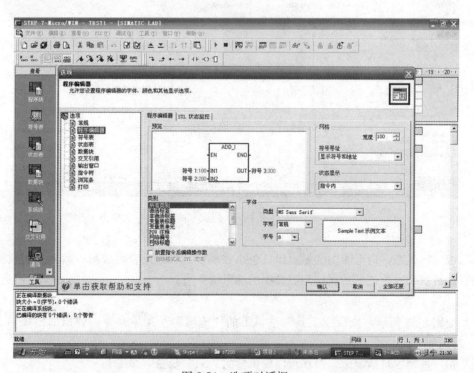

图 2-54　选项对话框

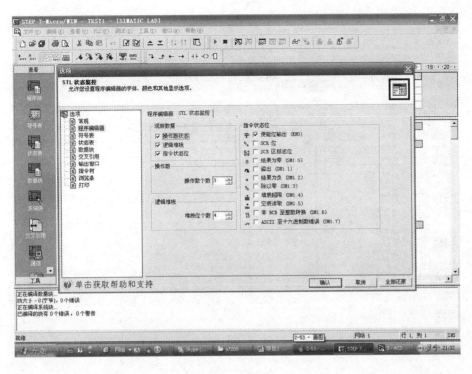

图 2-55　选择监视内容

（4）状态信息从位于编辑器顶端的第一条指令开始显示，滚动右侧的垂直滚动条时，将从 PLC 的 CPU 获得新的状态信息。

（5）如果需要暂停刷新，可以按下"暂停程序状态监控"按钮。

4．用状态表监视与调试程序

如果要监视的软元件信息不能在程序编辑器同时显示，可以使用状态表监视功能。梯形图和指令表只能显示程序很小的部分，利用状态表监控，不仅可用于监控多个程序，还可以读、写、编辑、强制和监视 PLC 内部变量，方便用户调试程序。

（1）打开、编辑状态表。

1）点击浏览条的"状态表"图标，或用鼠标右击指令树的"状态表"选项，在弹出的菜单中，选择打开，或者如图 2-56 所示，执行"查看"菜单的"组件"菜单下的"状态表"命令，均可打开"状态表"；

2）打开后可以对其进行编辑，如果有多个状态表，可以用状态表底部的选项卡选择。

（2）创建新状态表。可以创建多个状态表，用于监视不同的软元件。

如图 2-58 所示，用鼠标右键单击已经打开的状态表，弹出快捷菜单，选择执行"插入"菜单下的"状态表"子菜单命令，创建一个新的状态表。

（3）启动、关闭状态表监视功能。

1）与 PLC 联机成功后，如图 2-59 所示，点击执行"调试"菜单下的"开始状态表"监控，可以启动状态表监视功能；

2）点击执行"调试"菜单下的"暂停趋势图"命令，可以暂停状态表监视功能。

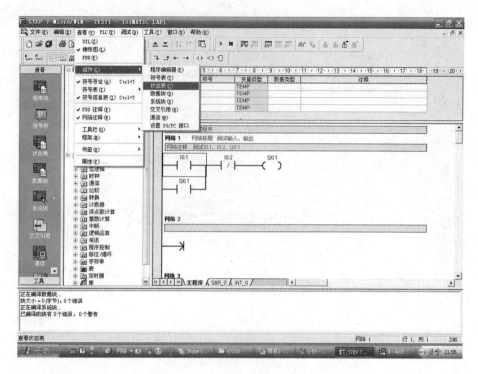

图 2-56 打开状态表

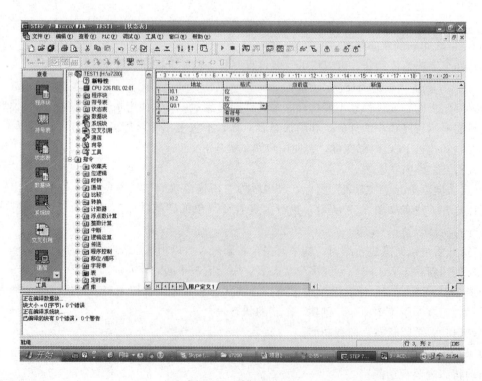

图 2-57 编辑状态表

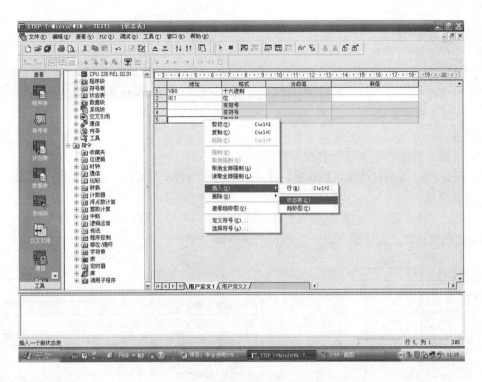

图 2-58　创建新状态表

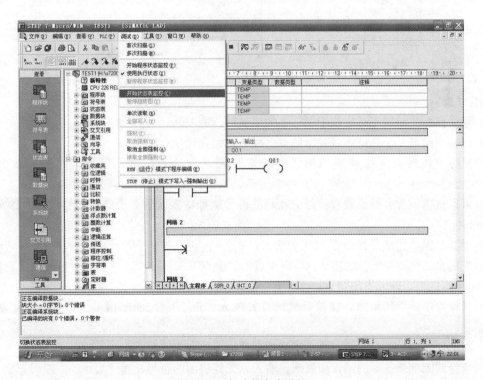

图 2-59　启动状态表监视

技能训练

一、训练目标

掌握西门子 S7-200 系列可编程控制器的 STEP 7-Micro/WIN 编程软件的应用技能。

二、训练步骤与要求

1. 准备

(1) 将 PLC 按图 2-60 所示的接线图接线。

(2) 检查 PLC 与编程计算机的连接，使 PLC 处于"STOP"状态，接通电源。

2. 编程操作

(1) 启动 STEP 7-Micro/WIN 编程软件，创建一个新项目，项目另存为"TEST1"。

(2) 使用快捷命令按钮输入图 2-61 所示的梯形图。

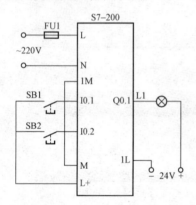

图 2-60　PLC 接线图

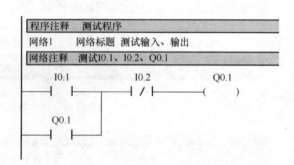

图 2-61　TEST1 程序梯形图

操作步骤：

1) 移动鼠标使编辑光标定位于网络 1 的第 1 行、第一列；

2) 点击"触点"工具按钮，弹出触点选择下拉列表选项；

3) 鼠标点击触点下拉列表项第 1 行的常开触点选项，在第 1 行第 1 列输入 1 个常开触点；

4) 鼠标点击该常开触点或直接点击软元件符号地址输入区的 3 个红色？号，输入软元件符号地址"I0.1"；

5) 按回车键，完成常开触点 I0.1 的输入；

6) 光标自动跳到第 1 行的第 2 列，再次点击"触点"工具按钮，从触点下拉列表中选择第 2 行的常闭触点选项，输入常闭触点；

7) 鼠标点击该常闭触点，在符号地址位置输入"I0.2"，按回车键确认，完成常闭触点的输入；

8) 点击"线圈"工具按钮，弹出线圈类型选择下拉列表选项；

9) 选择线圈列表选项的第 1 项线圈，输入软元件线圈的符号地址"Q0.1"，按回车键确认，完成线圈的输入；

10) 移动鼠标到第 2 行、第 1 列，再次点击"触点"工具按钮，从触点下拉列表中选择第 1 行的常开触点选项，输入"Q0.1"常开触点；

11) 移动鼠标到第 2 行、第 1 列的 Q0.1 常开触点上，按键盘"Ctrl"＋"↑"或点击工具栏的向上连线按钮，画出一条竖直直线，完成网络 1 的梯形图的输入。

3. 编译程序

4. 将程序下载到 PLC

5. 程序运行、监控

（1）拨动 PLC 上的 RUN/STOP 开关，使 PLC 处于运行工作模式。

（2）点击执行"调试"菜单下的"开始程序状态监控"子菜单命令，开始程序监控。

（3）强制 I0.1 输入为 ON，图 2-62 表示 Q0.1 已变为 ON，观察 PLC 输出 Q0.1 状态指示灯的变化。

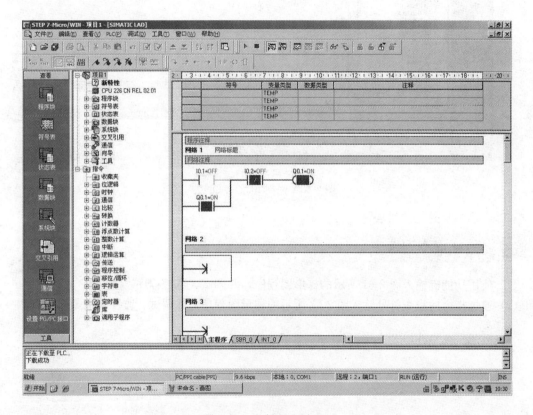

图 2-62　强制 I0.1 为 ON

（4）强制 I0.1 输入为 OFF，观察 PLC 输出 Q0.1 状态指示灯的变化。

（5）强制 I0.2 输入为 ON，图 2-63 表示 Q0.1 已变为 OFF，观察 PLC 输出 Q0.1 状态指示灯的变化。

（6）强制 I0.2 输入为 OFF，观察 PLC 输出 Q0.1 状态指示灯的变化。

（7）创建状态表，输入监控元件 I0.1、I0.2、Q0.1。

（8）在状态表中设置 I0.1、I0.2、Q0.1 分别为 1、0、0。

（9）点击执行"调试"菜单下的"开始状态表监控"子菜单命令，观察状态表当前值的变化。

（10）点击执行"调试"菜单下的"暂停程序状态监控"子菜单命令，取消程序监控。

（11）点击"停止"快捷命令按钮，远程控制 PLC 停止。

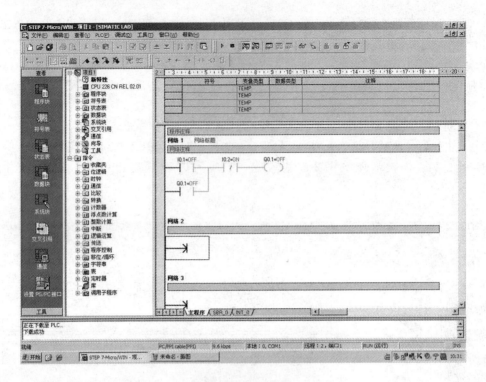

图 2-63　强制 I0.2 为 ON

 技能提高训练

（1）使用功能键输入图 2-61 所示的梯形图程序，并调试、监控程序。

（2）通过指令树指令符号输入图 2-61 所示的梯形图程序，并调试、监控程序。

项目三　用 PLC 控制三相交流异步电动机

学习目标

(1) 学会分析电气控制线路的电气控制逻辑关系。

(2) 学会用逻辑函数表示电气控制逻辑关系。

(3) 能根据电气控制逻辑函数画出梯形图程序。

(4) 学会用西门子 PLC 的基本指令。

(5) 学会用 PLC 控制三相交流异步电动机的运行。

(6) 学会在不同品牌 PLC 间移植 PLC 程序。

任务4　用 PLC 控制三相交流异步电动机的启动与停止

基础知识

一、任务分析

1. 控制要求

(1) 按下启动按钮,三相交流异步电动机单向连续运行。

(2) 按下停止按钮,三相交流异步电动机停止。

(3) 具有短路保护和过载保护等必要的保护措施。

2. 接触器控制三相异步电动机启停电气原理图

三相交流异步电动机单向连续运行的启动与停止的接触器控制电气原理如图 3-1 所示,图中主要元器件的名称、代号和功能见表 3-1。

表 3-1　　　　　　　　　　　　主要元器件的名称、代号及功能

名　称	元件代号	功　能	名　称	元件代号	功　能
启动按钮	SB1	启动控制	交流接触器	KM1	控制三相异步电动机
停止按钮	SB2	停止控制	热继电器	FR1	过载保护

3. PLC 输入输出接线图

PLC 输入输出接线如图 3-2 所示。

4. 设计 PLC 控制程序

根据三相异步电动机单向连续运行的启动与停止控制要求,设计出 PLC 控制程序,如图 3-3 所示。

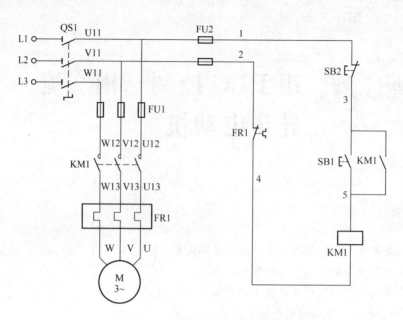

图 3-1　电动机启动、停止电气线路原理图

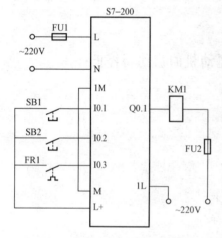

图 3-2　PLC 输入输出接线图

5. 编程技巧提示

（1）接触器电气控制线路、逻辑控制函数、梯形图彼此存在一一对应关系。三相异步电动机单向连续运行的启动与停止的逻辑控制函数是

$$KM1 = (SB1 + KM1) \cdot \overline{SB2} \cdot \overline{FR1}$$

从梯形图可以看出，控制函数中启动按钮 SB1 与接触器常开触点 KM1 是或逻辑关系，在梯形图中表现为两常开触点并联形式；停止按钮 SB2 与启动按钮 SB1 和接触器常开触点 KM1 组合部分是 SB2 取反逻辑与逻辑关系，在梯形图中表现为常闭触点串联形式。

仔细分析可以得到如下结论：

接触器电气控制线路、逻辑控制函数、梯形图彼此存在一一对应关系，即由接触器电气控制线路可以写出相应的逻辑控制函数，反之亦然；由逻辑控制函数可以设计出相应的 PLC 控制程序，反之亦然；由接触器电气控制线路也可以设计出相应的 PLC 控制程序（注意 PLC 的所有输入开关信号需采用常开输入形式，采用常闭输入的点相关的程序部分要取反），反之亦然。

（2）PLC 程序控制设计基础。一般的继电器的起停控制函数是

$$Y = (QA + Y) \cdot \overline{TA}$$

该表达式是 PLC 程序设计的基础，表达式等号左边的 Y 表示控制对象；等号右边的 QA 表示启动条件，右边的 Y 表示控制对象自持（自锁）条件，TA 表示停止条件。

在 PLC 程序设计中，只要找到控制对象的启动、自锁和停止条件，就可以设计出相应的控制程序。即 PLC 程序设计的基础是细致地分析出各个控制对象的启动、自锁和停止条件，然后写出控制函数表达式，根据控制函数表达式设计出相应的梯形图程序。

对于三相异步电动机单向连续运行的启动与停止，设置 PLC 的符号变量，见表 3-2。

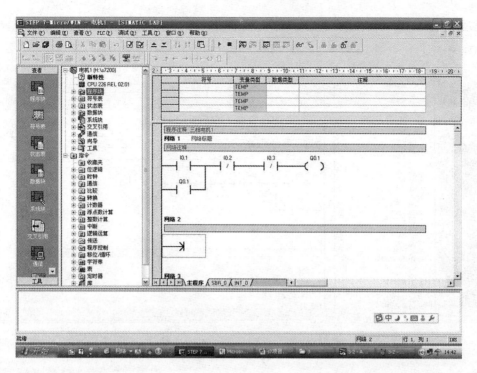

图 3-3 控制程序

表 3-2   PLC 的符号变量

名　　称	元件代号	符号变量	变量地址
启动按钮	SB1	QA	I0.1
停止按钮	SB2	TA	I0.2
热继电器	FR1	$FR1$	I0.3
交流接触器	KM1	$Y1$	Q0.1

使用符号变量表示的梯形图如图 3-4 所示。

使用符号变量表示的梯形图与继电器控制逻辑一致，只是把停止按钮和热继电器移到了启动按钮后。

梯形图还可以显示符号变量和 PLC 符号、地址，如图 3-5 所示。

利用图中符号变量容易理解控制逻辑关系，利用 PLC 符号、地址可以知晓 PLC 的外部接线与控制程序的关系。

二、S7-200 系列 PLC 位操作指令

S7-200 系列 PLC 位操作指令主要应用于逻辑控制和顺序控制。位操作指令包括触点指令、线圈指令、定时器指令、计数器指令、位比较指令等。

1. 指令格式

S7-200 系列 PLC 位操作指令由指令操作码和操作数两部分组成，基本格式是：

指令操作码　　　操作数

　　LD　　　　　　I0.1

LD 是指令操作码，说明指令操作的内容；I0.1 是操作数，说明指令操作的对象。

根据操作的不同，指令的操作数不同。有些指令不带操作数，有些带有两个或两个以上的操作数。

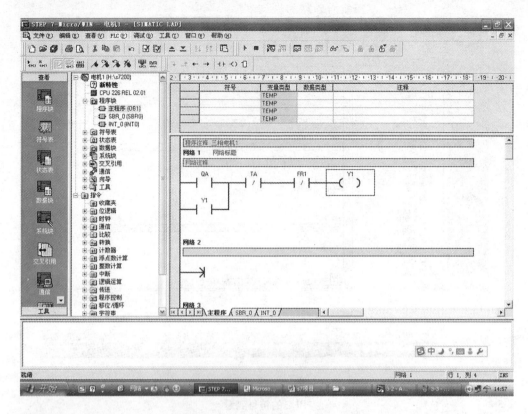

图 3-4　使用符号变量表示的梯形图

图 3-5　带符号变量的梯形图

2. 触点基本指令

触点指令是 PLC 应用最多的指令之一，分为常开触点指令和常闭触点指令两大类。根据触点位置，又可分为与母线连接的装载指令 LD、与前面电路串联的与指令 A、与电路并联的或指令 O。除标准触点指令外，还有脉冲上升沿、下降沿触点指令，取反输出指令。

触点指令汇总见表 3-3。

表 3-3   **触 点 指 令 汇 总**

类别	指令	梯形图符号	数据类型	操作数	指令功能
常开	LD	（X 常开触点接母线）	位	I、Q、V、M、SM、S、T、C	将一常开触点接到母线上
	A	（X 常开触点串联）	位	I、Q、V、M、SM、S、T、C	一个常开触点与另一个电路的串联
	O	（X 常开触点并联）	位	I、Q、V、M、SM、S、T、C	一个常开触点与另一个电路的并联
常闭	LDN	（X 常闭触点接母线）	位	I、Q、V、M、SM、S、T、C	将一常闭触点接到母线上
	AN	（X 常闭触点串联）	位	I、Q、V、M、SM、S、T、C	一个常闭触点与另一个电路的串联
	ON	（X 常闭触点并联）	位	I、Q、V、M、SM、S、T、C	一个常闭触点与另一个电路的并联
取反	NOT	—|NOT|—	位	无	取反此前电路的逻辑状态
边沿跳变	EU	—| P |—	位	无	上升沿输出一个周期脉冲
	ED	—| N |—	位	无	下降沿输出一个周期脉冲

任务4

3. 线圈指令

线圈指令用于表示一段程序运算的结果。线圈指令包括通用线圈指令、置位线圈指令、复位线圈指令、立即线圈指令等。

通用线圈指令与其相关工作条件有关，相关工作条件满足，输出线圈为 1；相关工作条件不满足，输出线圈为 0。

置位线圈指令在相关工作条件满足时，使指定的输出元件地址参数开始的 N 个点被置位（置 1），复位线圈指令在相关工作条件满足时，使指定的输出元件地址参数开始的 N 个点被复位（置 0）。置位、复位的点数 N 可以是 1~255。当复位指令指定的元件是定时器 T、计数器 C 时，那么定时器、计数器被复位，同时定时器、计数器的当前值也被清零。

PLC 对用户程序的处理分为三个阶段，输入刷新、运算程序、输出更新。在扫描周期开始时进行输入刷新，读取输入点的状态送入输入映像区；运算程序时，读取映像区的数据，执行用户程序，运算结果暂存输出映像区；输出更新阶段把输出映像区的状态成批传送到输出锁存器，更新输出端的状态。

立即输入、输出指令不按 PLC 扫描周期处理。对于立即输入指令，在运算程序阶段，读取立即输入点的状态，送入输入映像区，并使用该立即输入点映像区的数据运算程序；对于立即输出指令，运算程序时，把运算结果送到输出映像区，同时更新输出锁存器和输出端状态。

立即线圈指令属于立即输出指令，在程序运行中把运算结果送到输出映像区，同时更新输出锁存器和输出端状态。

线圈指令汇总见表 3-4。

表 3-4 **线 圈 指 令 汇 总**

指令	助记符	梯形图	数据类型	操作数	指令功能
输出	=	Y —( )	位	Q、V、M、SM、S、T、C	运算结果输出到继电器
立即输出	=I	Y —(I)	位	Q、V、M、SM、S、T、C	立即将运算结果输出到继电器
置位	S	Y —(S) n	位 n 为字节变量、常数	Q、V、M、SM、S、T、C	将指定位开始的 n 个元件置位
复位	R	Y —(R) n	位 n 为字节变量、常数	Q、V、M、SM、S、T、C	将指定位开始的 n 个元件复位
立即置位	SI	Y —(SI) n	位 n 为字节变量、常数	Q、V、M、SM、S、T、C	立即将指定位开始的 n 个元件置位
立即复位	RI	Y —(RI) n	位 n 为字节变量、常数	Q、V、M、SM、S、T、C	立即将指定位开始的 n 个元件复位
SR 触发器	SR	Y — S1 OUT → SR - R	位	Q、V、M、SM、S、T、C	输入同时为 1 时，置位优先
RS 触发器	RS	Y — S OUT → RS - R1	位	Q、V、M、SM、S、T、C	输入同时为 1 时，复位优先

技能训练

一、训练目标

（1）能够正确设计控制三相交流异步电动机单向连续运行的启动与停止控制的 PLC 程序。

（2）能正确输入和传输 PLC 控制程序。

（3）能够独立完成三相交流异步电动机单向连续运行的启动与停止控制线路的安装。

（4）按规定进行通电调试，出现故障时，应能根据设计要求进行检修，并使系统正常工作。

二、训练步骤与内容

1. 输入 PLC 程序

（1）启动 PLC 编程软件，创建一个新项目。

（2）设置项目文件名为"电动机1"。

（3）输入图 3-3 所示的梯形图程序。

（4）编译程序。

2. 安装调试

（1）主电路按图 3-1 所示的主电路接线。

（2）PLC 按图 3-2 所示的电路接线。

（3）将控制程序下载到 PLC。

（4）拨动 PLC 的 RUN/STOP 开关，使 PLC 处于运行工作模式。

（5）点击执行"调试"菜单下的"开始程序状态监控"子菜单命令，开始程序监控。

（6）按下启动按钮 SB1，观察输出元件 Q0.1 的状态，观察接触器的动作状态和电动机的状态。

（7）按下停止按钮 SB2，观察输出元件 Q0.1 的状态，观察接触器的动作状态和电动机的状态。

 技能提高训练

---

1. PLC 控制程序移植

将一种 PLC 的控制程序转换为另一种 PLC 的控制程序的过程称为 PLC 控制程序移植。例如将 S7-200 系列 PLC 的控制程序转换为矩形 V80 系列 PLC 的控制程序。

PLC 控制程序移植的方法之一是通过控制函数做中介来进行移植。以三相异步电动机单向连续启、停 PLC 控制为例，PLC 控制程序的具体移植方法如下：

（1）根据 S7-200 系列 PLC 的控制程序写出逻辑控制函数

$$Q0.1 = (I0.1 + Q0.1) \cdot \overline{I0.2} \cdot \overline{I0.3}$$

（2）设置矩形 V80 系列 PLC 的符号变量、软元件地址。

1）矩形 V80 系列 PLC 的注释符号见表 3-5。

表 3-5　　　　　　　　　　　　矩形 V80 系列 PLC 注释符号

元件名称	元件代号	注释符号
启动按钮	SB1	X1
停止按钮	SB2	X2
热继电器	FR1	X3
接触器	KM1	Y1

2）PLC 的输入/输出端（I/O）分配见表 3-6。

表 3-6　　　　　　　　　　　　PLC 输入/输出端（I/O）分配

输入			输出		
元件代号	注释符号	元件地址	元件代号	注释符号	元件地址
SB1	X1	10001	KM1	Y1	00001
SB2	X2	10002			
FR1	X3	10003			

（3）根据 S7-200 系列 PLC 控制程序的逻辑控制函数，用符号变量写出矩形 V80 系列 PLC 的

控制函数为

$$Y1 = (X1 + Y1) \cdot \overline{X2} \cdot \overline{X3}$$

（4）根据矩形 V80 系列 PLC 的控制函数设计矩形 V80 系列 PLC 的控制梯形图程序，如图 3-6 所示。

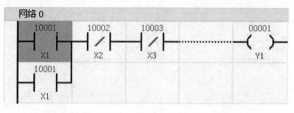

图 3-6　矩形 V80 系列 PLC 控制梯形图程序

2. 用矩形 V80 系列 PLC 实现三相异步电动机单向连续起停

（1）在矩形 V80 系列 PLC 编程软件（软件从 http：//www.plcstar.com/网站免费下载）VLadder5.11 中输入图 3-6 所示控制梯形图程序。具体方法如下：

1）启动 PLC 编程软件 VLadder5.11，进入 PLC 编程界面；

2）点击新建快捷按钮，新建一个项目；

3）点击执行"文件"菜单下的"另存为"命令，弹出图 3-7 所示的另存为对话框；

图 3-7　另存为对话框

4）选择存储项目文件目录，如图 3-8 所示命名程序（如 B3-1），点击"保存"按钮，保存项目文件；

5）如图 3-9 所示，点击执行"编辑"菜单下的"常开节点"命令，移动光标到左母线右侧处点击，出现编辑 1 位逻辑对话框；

6）如图 3-10 所示，在编辑 1 位逻辑对话框中间格地址栏输入常开触点软元件地址 10001，在右边注释栏输入"X1"；

7）按确认按钮，出现如图 3-11 所示的画面；

8）点击执行"编辑"菜单下的"常闭节点"命令，移动鼠标到常开触点 10001 右边处点击，出现编辑 1 位逻辑对话框；

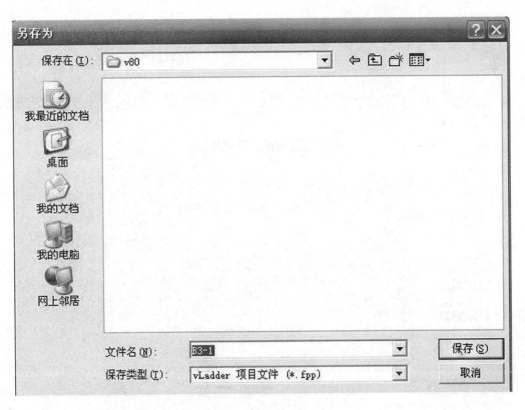

图 3-8 保存

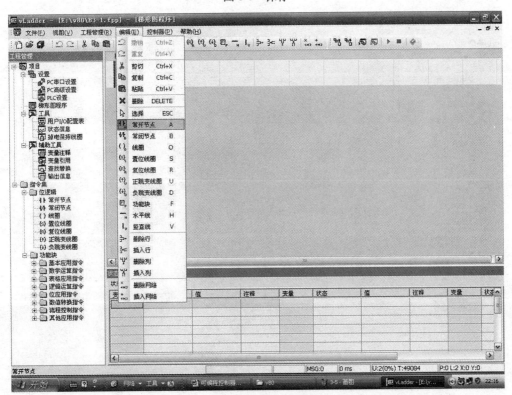

图 3-9 常开节点命令

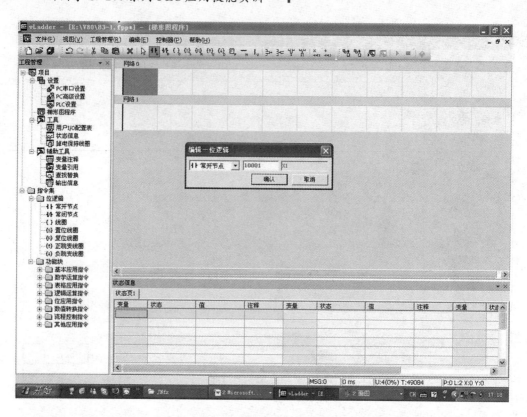

图 3-10　输入地址、注释

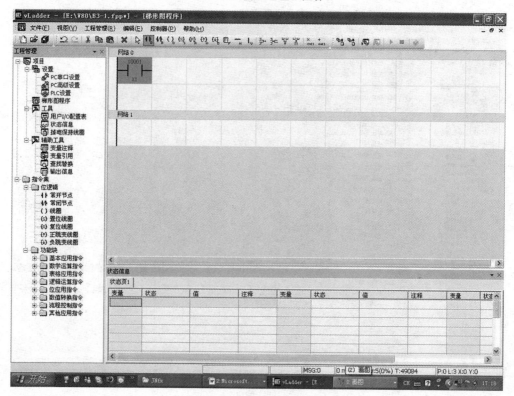

图 3-11　输入常开触点

9）在编辑 1 位逻辑对话框中间格地址栏输入常闭触点软元件地址 10002，在右边注释栏输入 "X2"，按确认按钮，出现如图 3-12 所示的画面；

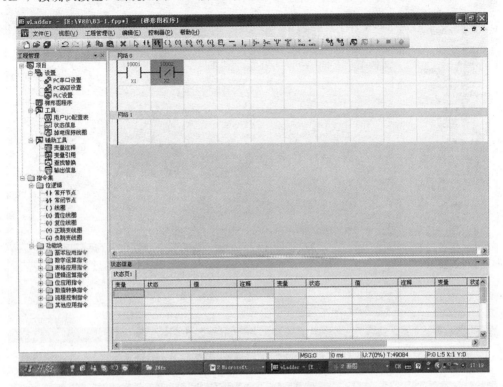

图 3-12 输入常闭触点 X2

10）再次点击执行 "编辑" 菜单下的 "常闭节点" 命令，移动鼠标到常闭触点 10002 右边处点击，出现编辑 1 位逻辑对话框；

11）在编辑 1 位逻辑对话框中间格地址栏输入常闭触点软元件地址 10003，在右边注释栏输入 "X3"，按确认按钮，出现如图 3-13 所示的画面；

12）点击执行 "编辑" 菜单下的 "线圈" 命令，移动鼠标到常闭触点 10003 右边处点击，出现编辑 1 位逻辑对话框；

13）在编辑 1 位逻辑线圈对话框的中间格地址栏输入线圈软元件地址 00001，在右边注释栏输入 "Y1"，按确认按钮，出现如图 3-14 所示的画面；

14）点击执行 "编辑" 菜单下的 "常开节点" 命令，移动鼠标到常开触点 10001 下面光标处点击，出现编辑 1 位逻辑对话框；

15）在编辑 1 位逻辑对话框中间格地址栏输入常开触点软元件地址 00001，按确认按钮，出现如图 3-15 所示的画面；

16）单击执行 "编辑" 菜单下的 "竖直线" 命令，移动鼠标到常开触点 10001 处点击，出现如图 3-16 所示的画好竖线的画面；

17）至此，完成网络 0 三相交流异步电动机单向连续运行的启动与停止的梯形图输入。

（2）将 PLC 控制程序下载到矩形 V80 系列 PLC。具体方法如下：

1）V80 系列 PLC 通信电缆分别与计算机 COM1 口、PLC 串口连接；

2）如图 3-17 所示，点击执行 "控制器" 菜单下的 "保存到 PLC" 命令或点击保存到 PLC 快捷命令按钮，弹出如图 3-18 所示的将程序写入 FLASH 对话框；

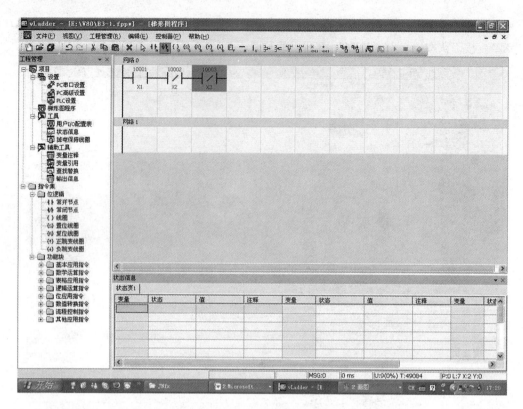

图 3-13　输入常闭触点 X3

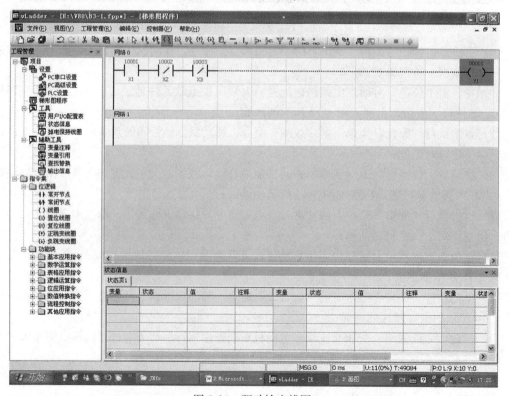

图 3-14　驱动输出线圈

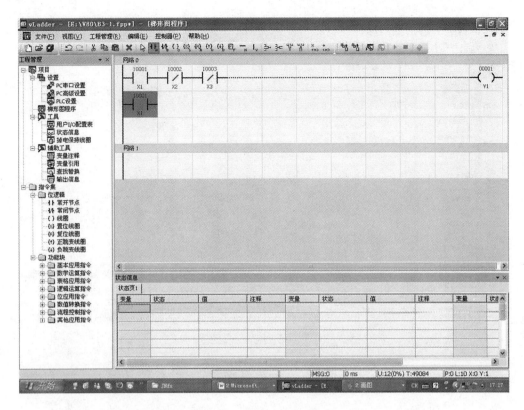

图 3-15   输入自锁触点 Y1

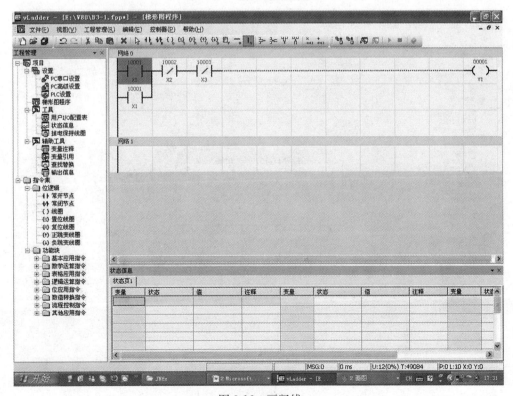

图 3-16   画竖线

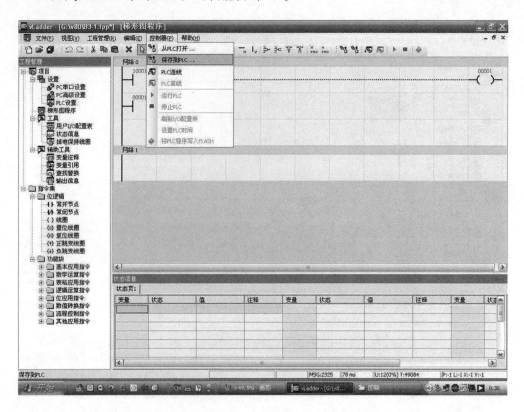

图 3-17　保存到 PLC

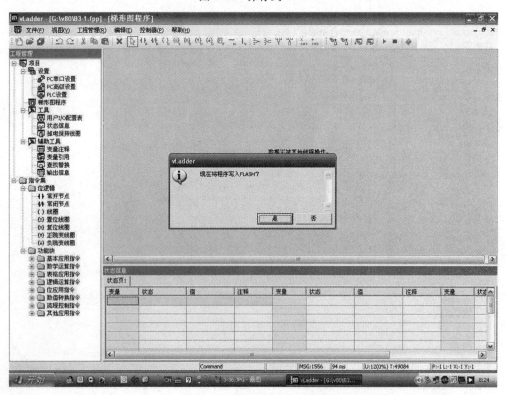

图 3-18　程序写入 FLASH

3）点击确认按钮，如图 3-19 所示，开始下载程序；

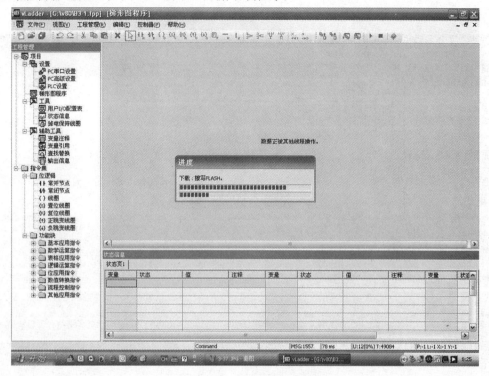

图 3-19　开始下载

4）下载完成，弹出如图 3-20 所示的是否运行 PLC 程序对话框；

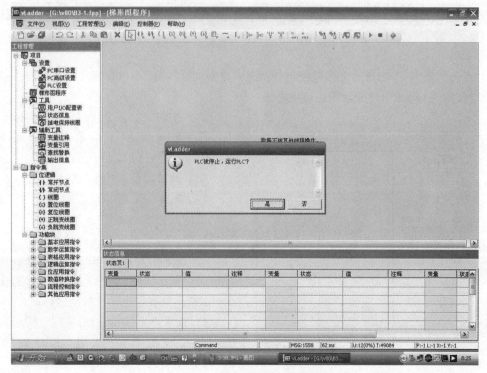

图 3-20　是否运行 PLC 对话框

5）点击"是"，PLC 进入运行状态；点击"否"，弹出如图 3-21 所示的是否进入在线模式对话框；

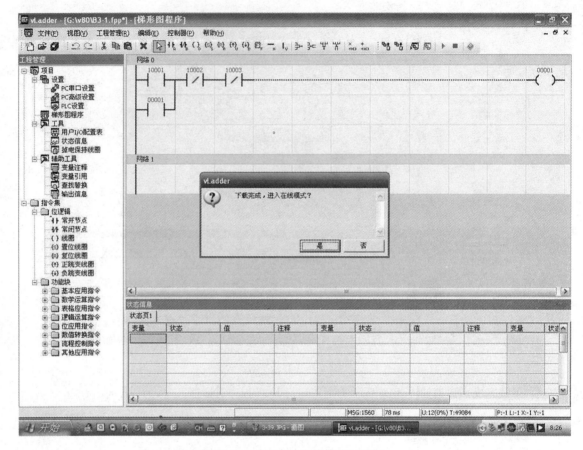

图 3-21　是否进入在线模式对话框

6）点击"是"，PLC 进入在线监控运行状态；点击"否"，返回 PLC 程序编辑界面。

（3）按图 3-1 所示电气原理图连接主电路。

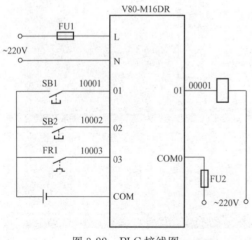

图 3-22　PLC 接线图

（4）按图 3-22 所示 PLC 接线图接线。

（5）拨动矩形 V80 系列 PLC 的 RUN/STOP 开关，使 PLC 处于运行状态。

（6）调试运行。具体方法如下：

1）如图 3-23 所示，点击执行"控制器"菜单下的"PLC 连线"命令或点击 PLC 连线快捷按钮，PLC 进入在线调试模式；

2）按下启动按钮 SB1，如图 3-24 所示，梯形图中输出线圈 00001 得电，PLC 的输出点 00001 指示灯亮，电动机启动运行；

3）按下停止按钮，如图 3-25 所示，梯形图中输出线圈 00001 失电，PLC 的输出点 00001 指示灯灭，电动机停止运转。

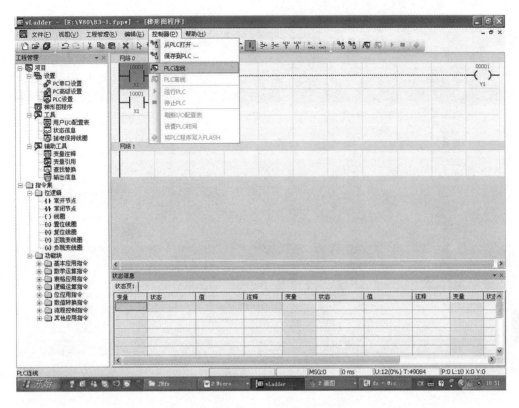

图 3-23　PLC 连线

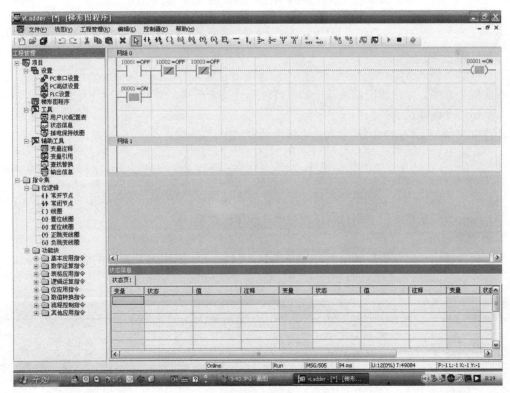

图 3-24　启动

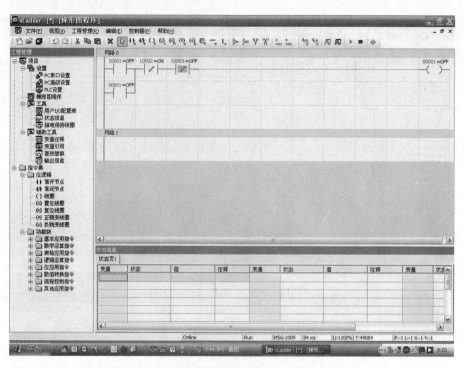

图 3-25 停止

任务 5 三相交流异步电动机正、反转控制

 基础知识

在实际生产中，很多情况都要求电动机既能正转又能反转，其方法是改变任意两条电源线的相序，从而改变电动机的转向。

本任务是学习如何用可编程控制器实现电动机的正、反转。

一、任务分析

1. 控制要求

（1）能够用按钮控制电动机的正转、反转、启动和停止。

（2）具有短路保护和电动机过载保护等必要的保护措施。

2. 继电器控制电气原理图

继电器控制电动机正、反转电气原理图如图 3-26 所示，图中各元器件的名称、代号和作用见表 3-7。

表 3-7 元器件的名称、代号和作用

名　称	代　号	作　用
停止按钮	SB0	停止控制
正转启动按钮	SB1	正转启动控制
反转启动按钮	SB2	反转启动控制
交流接触器	KM1	正转控制
交流接触器	KM2	反转控制
热继电器	FR1	过载保护

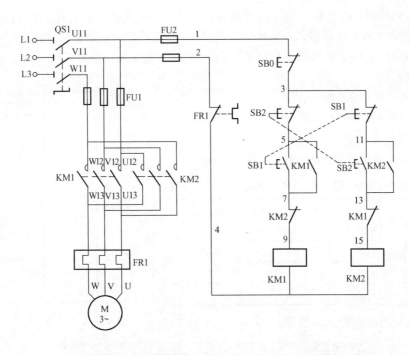

图 3-26 继电器控制电动机正、反转电气原理图

3. 逻辑控制函数分析

分析电动机正、反转控制电气原理图（图 3-26）得知：

（1）对 KM1：控制 KM1 启动的按钮为 SB1；控制 KM1 停止的按钮或开关为 SB0、FR1、KM2；自锁控制触点为 KM1。

对于 KM1 来说：

$$QA = SB1$$

$$TA = SB0 + FR1 + KM2$$

根据继电器启、停控制函数 $Y = (QA + Y) \cdot \overline{TA}$，可以写出 KM1 控制函数为

$$KM1 = (QA + KM1) \cdot \overline{TA} = (SB1 + KM1) \cdot \overline{(SB0 + FR1 + KM2)}$$

$$= (SB1 + KM1) \cdot \overline{SB0} \cdot \overline{FR1} \cdot \overline{KM2}$$

（2）对 KM2：控制 KM2 启动的按钮为 SB2；控制 KM2 停止的按钮或开关为 SB0、FR1、KM1；自锁控制触点为 KM2。

对于 KM2 来说：

$$QA = SB2$$

$$TA = SB0 + FR1 + KM1$$

根据继电器启、停控制函数 $Y = (QA + Y) \cdot \overline{TA}$，可以写出 KM2 的控制函数为

$$KM2 = (QA + KM2) \cdot \overline{TA} = (SB2 + KM2) \cdot \overline{(SB0 + FR1 + KM1)}$$

$$= (SB2 + KM2) \cdot \overline{SB0} \cdot \overline{FR1} \cdot \overline{KM1}$$

在电动机正转过程中，必须禁止反转启动；在电动机反转过程中，必须禁止正转启动。这种

相互禁止操作的控制称为互锁控制。在电动机正、反转继电器控制线路中，分别利用了 KM2、KM1 的常闭触点实现对电动机正、反转的互锁控制。即用反转接触器 KM2 的常闭触点互锁控制正转接触器 KM1，用正转接触器 KM1 的常闭触点互锁控制反转接触器 KM2。

二、程序设计

1. PLC 输入输出接线图

PLC 输入输出接线如图 3-27 所示。

2. 设计 PLC 控制程序

PLC 的输入/输出端（I/O）分配见表 3-8。

表 3-8　PLC 的输入/输出端（I/O）分配

输	入	输	出
SB0	I0.0	KM1	Q0.1
SB1	I0.1	KM2	Q0.2
SB2	I0.2		
FR1	I0.3		

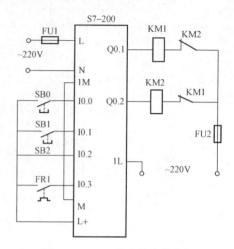

图 3-27　PLC 输入输出接线图

PLC 控制梯形图如图 3-28 所示。

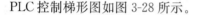

图 3-28　PLC 控制梯形图

3. 编程技巧

在继电器控制线路中，停止按钮、热继电器分别串联在控制线路的前段和后段电路中，严格按照控制线路图转换的控制函数为

$$KM1 = \overline{SB0} \cdot (SB1 + KM1) \cdot \overline{KM2} \cdot \overline{FR1}$$

$$KM2 = \overline{SB0} \cdot (SB2 + KM2) \cdot \overline{KM1} \cdot \overline{FR1}$$

在 PLC 编程中，为了优化梯形图控制程序，通常把并联支路多的电路块移到梯形图的左边，把串联触点多的支路移到梯形图的上部。对于逻辑与运算，交换变量位置不影响结果。优化后的控制函数为

$$KM1 = (SB1 + KM1) \cdot \overline{SB0} \cdot \overline{FR1} \cdot \overline{KM2}$$

$$KM2 = (SB2 + KM2) \cdot \overline{SB0} \cdot \overline{FR1} \cdot \overline{KM1}$$

技能训练

一、训练目标

（1）能够正确设计控制三相交流异步电动机正、反转的 PLC 程序。

（2）能正确输入和传输 PLC 控制程序。

（3）能够独立完成三相交流异步电动机正、反转控制线路的安装。

（4）按规定进行通电调试，出现故障时，应能根据设计要求进行检修，并使系统正常工作。

二、训练步骤与内容

（1）启动 PLC 编程软件，创建一个新项目。

（2）设置项目文件名为"电动机 2"。

（3）输入图 3-28 所示的正、反转控制梯形图程序。

（4）编译程序。

（5）安装调试。步骤如下：

1）主电路按图 3-26 所示的主电路接线；

2）PLC 按图 3-27 所示的电路接线；

3）将控制程序下载到 PLC；

4）拨动 PLC 的 RUN/STOP 开关，使 PLC 处于运行工作模式；

5）点击执行"调试"菜单下的"开始程序状态监控"子菜单命令，开始程序监控；

6）按下正转启动按钮 SB1，观察输出元件 Q0.1 的状态，观察接触器的动作状态和电动机的状态；

7）按下反转启动按钮 SB2，观察输出元件 Q0.1、Q0.2 的状态，观察接触器的动作状态和电动机的状态，体会互锁的作用；

8）按下停止按钮 SB0，观察输出元件 Q0.1 的状态，观察接触器的动作状态和电动机的状态；

9）按下反转启动按钮 SB2，观察输出元件 Q0.2 的状态，观察接触器的动作状态和电动机的状态；

10）按下正转启动按钮 SB1，观察输出元件 Q0.1、Q0.2 的状态，观察接触器的动作状态和电动机的状态，体会互锁的作用；

11）按下停止按钮 SB0，观察输出元件 Q0.2 的状态，观察接触器的动作状态和电动机的状态。

 技能提高训练

（1）自动往复接触器控制电路如图 3-29 所示，根据电气控制电路写出控制函数，应用 S7-200 系列 PLC 实现其控制功能。

（2）应用矩形 V80 系列 PLC 实现自动往复控制功能。

（3）运料小车运动示意图如图 3-30 所示，应用 S7-200 系列 PLC 实现小车控制。控制要求如下：

1）小车的前进、后退均能点动控制；

2）小车自动往返控制。

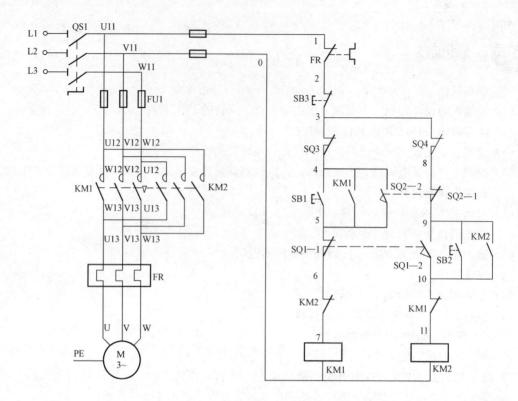

图 3-29　自动往复接触器控制电路

图 3-30　运料小车运动示意图

项目四 定时器控制及其应用

学习目标

(1) 学会使用西门子 PLC 的通用定时器指令。
(2) 学会使用西门子 PLC 的保持型定时器指令。
(3) 学会设计长时间定时程序。
(4) 学会用西门子 PLC 实现三相交流异步电动机的星—三角（Y—△）降压启动控制。
(5) 学会用转换设计法设计双速交流电动机控制程序。

任务6　按时间顺序控制三相交流异步电动机

基础知识

一、任务分析

1. 按时间顺序控制三相交流异步电动机的控制要求

(1) 按下启动按钮，三相交流异步电动机 1 启动运行。
(2) 三相交流异步电动机 1 启动运行 6s 后，三相交流异步电动机 2 启动运行。
(3) 按下停止按钮，三相交流异步电动机 1、三相交流异步电动机 2 停止。

2. 电气控制原理

按时间顺序控制三相交流异步电动机电气原理图如图 4-1 所示，图中各元器件的名称、代号、作用见表 4-1。

表 4-1　　　　　　　　　图 4-1 中元器件的名称、代号、作用

名　称	代　号	作　用
启动按钮	SB1	启动控制
停止按钮	SB2	停止控制
时间继电器	KT	定时控制
交流接触器 1	KM1	电动机 1 控制
交流接触器 2	KM2	电动机 2 控制
热继电器 1	FR1	过载保护
热继电器 2	FR2	过载保护

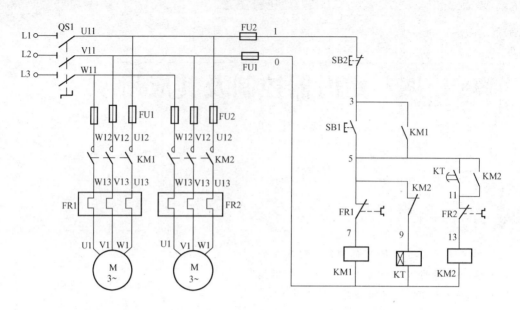

图 4-1　按时间顺序控制三相交流异步电动机电气原理图

3. 逻辑控制函数分析

分析按时间顺序控制三相交流异步电动机控制电气原理图（图 4-1）可知：

（1）对 KM1：控制 KM1 启动的按钮为 SB1；控制 KM1 停止的按钮或开关为 SB2、FR1；自锁控制触点为 KM1。

对于 KM1 来说：

$$QA = SB1$$
$$TA = SB2 + FR1$$

根据继电器启、停控制函数 $Y = (QA + Y) \cdot \overline{TA}$，可以写出 KM1 的控制函数为

$$KM1 = (QA + KM1) \cdot \overline{TA} = (SB1 + KM1) \cdot \overline{(SB2 + FR1)}$$
$$= (SB1 + KM1) \cdot \overline{SB2} \cdot \overline{FR1}$$

（2）对 KM2：控制 KM2 启动的触点为 KT；控制 KM2 停止的按钮或开关为 SB2、FR2；顺序联锁的控制触点为 KM1；自锁控制触点为 KM2。

对于 KM2 来说：

$$QA = KT$$
$$TA = SB2 + FR2$$

根据继电器启、停控制函数 $Y = (QA + Y) \cdot \overline{TA}$，可以写出 KM2 的控制函数为

$$KM2 = KM1 \cdot (KT + KM2) \cdot \overline{TA} = KM1 \cdot (KT + KM2) \cdot \overline{(SB2 + FR2)}$$
$$= KM1 \cdot (KT + KM2) \cdot \overline{SB2} \cdot \overline{FR2}$$

（3）定时器线圈控制函数为

$$KT = KM1 \cdot \overline{KM2}$$

二、PLC 控制程序设计

1. S7-200 系列 PLC 的定时器

定时器在 PLC 中的作用相当于时间继电器，它有一个设定值寄存器和一个当前值寄存器，还有输出触点。这三个变量使用同一个地址编号，但使用场合不一样，其所指也不一样。定时器是根据时钟脉冲的累计计时的。时钟脉冲有 1、10、100ms 三种。当定时器工作条件满足时，定时器开始计时；计时脉冲数达到设定值时，其输出触点动作。

S7-200 系列 PLC 的定时器数量为 256 个，T0~T255，定时精度分别为 1、10、100ms。1ms

的定时器有 4 个；10ms 的定时器有 16 个；100ms 定时器有 236 个。这些定时器又分为三种，即接通延时定时器 TON、断开延时定时器 TOF、保持型接通延时定时器 TONR。

S7-200 系列 PLC 的定时器编号见表 4-2。

表 4-2　　　　　　　　　　定　时　器　编　号

类型	定时精度（ms）	最大当前值	编　号
TON TOF	1	32.767	T32，T96
	10	327.67	T33～T36，T97～T100
	100	3276.7	T37～T63，T101～T235
TONR	1	32.767	T0，T64
	10	327.67	T1～T4，T65～T68
	100	3276.7	T5～T31，T69～T95

使用时，不可把一个定时器同时用作 TON 和 TOF。定时器编号表示两方面信息，即表示定时器的当前值和定时器的状态。每个定时器都有 1 个 16 位的当前值寄存器和 1 个状态位。

定时器的当前值表示当前定时所累计的时间，用 16 位整数表示。

当定时器当前值达到设定值时，定时器状态位为"ON"。

2. PLC 的定时器指令

定时器指令用于定时器的驱动，S7-200 系列 PLC 定时器指令见表 4-3。

表 4-3　　　　　　　　　　定　时　器　指　令

定时器类型	接通延时	断开延时	累积接通延时
指令形式	Tx IN　TON PT　V ms	Tx IN　TOF PT　V ms	Tx IN　TONR PT　V ms
操作数	Tx：指定定时器的编号，T0～T255； IN：指定定时条件，位型数据，I、Q、V、M、S、T、C 等； PT：设定值，整数型，IW、QW、VW、MW、SMW、AC 等		

接通延时定时器和累积接通延时定时器在输入端 IN 接通，定时器当前值等于设定值时，该定时器被置位；当前值大于设定值，接通延时定时器和累积接通定时器继续计时。累积接通延时定时器当前值可以累加，直到最大值 32 767。

断开延时定时器的输入端 IN 接通，定时器的输出位立即接通，并把当前值设为 0。当输入端 IN 断开时，定时器开始计时，达到设定值时，该定时器被复位，并停止计数。

3. PLC 输入输出接线图

PLC 输入输出接线图如图 4-2 所示。

4. 设计 PLC 控制程序

PLC 的输入/输出端（I/O）分配见表 4-4。

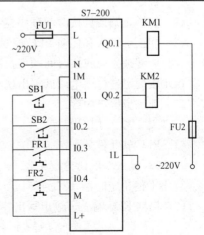

图 4-2　PLC 定时控制输入输出接线图

表 4-4   PLC 的输入/输出端（I/O）分配

输	入	输	出
SB1	I0.1	KM1	Q0.1
SB2	I0.2	KM2	Q0.2
FR1	I0.3		
FR2	I0.4		

KT 使用定时器 T37。

根据控制函数设计的 PLC 定时控制梯形图如图 4-3 所示。

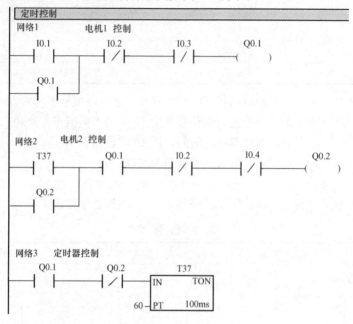

图 4-3   PLC 定时控制梯形图

 技能训练

一、训练目标

（1）能够正确设计按时间顺序控制三相交流异步电动机的 PLC 程序。

（2）能正确输入和传输 PLC 控制程序。

（3）能够独立完成按时间顺序控制三相交流异步电动机的控制线路的安装。

（4）按规定进行通电调试，出现故障时，应能根据设计要求进行检修，并使系统正常工作。

二、训练步骤与内容

1. 设计、输入 PLC 程序

（1）PLC 软元件分配。

1）PLC 输入、输出分配见表 4-4。

2）KT 使用定时器 T37。

（2）根据 PLC 输入、输出写出控制函数：

$$Q0.1 = (I0.1 + Q0.1) \cdot \overline{I0.2} \cdot \overline{I0.3}$$

$$Q0.2 = (T37 + Q0.2) \cdot \overline{I0.2} \cdot \overline{I0.4} \cdot Q0.1$$

$$T37 = Q0.1 \cdot \overline{Q0.2}$$

（3）根据控制函数画出 PLC 控制梯形图。

（4）输入三相交流异步电动机 1 的控制程序。三相交流异步电动机 1 的控制程序如图 4-4 所示。输入控制程序的具体方法如下：

1）创建新项目，并另存为"电动机定时控制"；

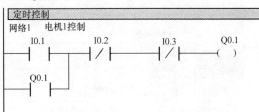

2）鼠标点击网络 1 的第 1 行、第 1 列，按键盘功能键"F4"，弹出触点选择下拉列表对话框，选择常开触点项；

图 4-4 电动机 1 的控制程序

3）如图 4-5 所示，选择该常开触点的软元件符号地址输入框；

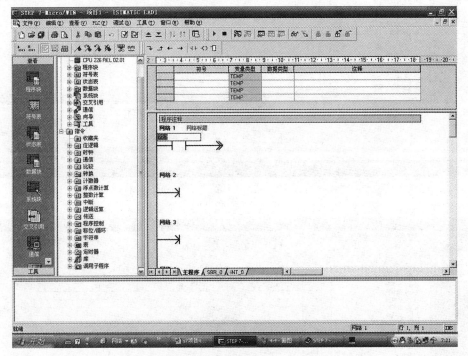

图 4-5 选择常开触点输入框

4）如图 4-6 所示，输入软元件符号地址"I0.1"；

5）按"Enter"键，完成常开触点"I0.1"的输入，光标自动跳到常开触点 I0.1 后，见图 4-7；

6）按键盘功能键"F4"，弹出触点选择对话框，在对话框下拉列表中选择常闭触点项；

7）选择该常闭触点的软元件符号地址输入框，输入"I0.2"，按"Enter"键，完成常闭触点"I0.2"的输入；

8）用类似方法输入常闭触点"I0.3"；

9）按功能键"F6"，弹出线圈选择对话框，在对话框下拉列表中选择第 1 行的通用线圈项；

10）选择该线圈的软元件符号地址输入框，输入软元件符号地址"Q0.1"，按"Enter"键，完成线圈"Q0.1"的输入，如图 4-8 所示；

11）光标移到第 2 行、第 1 列，输入常开触点"Q0.1"；

12）选择常开触点 Q0.1，如图 4-9 所示，点击向上连线快捷命令按钮，在 Q0.1 后画一条竖线；

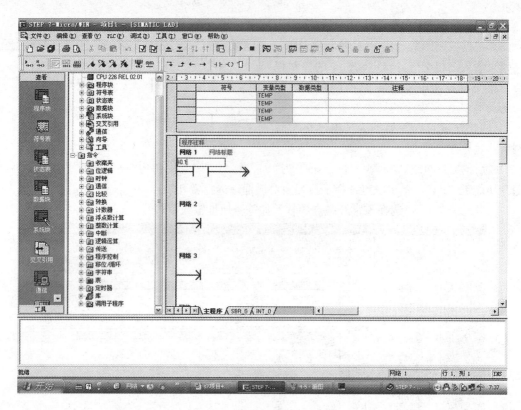

图 4-6　输入 I0.1

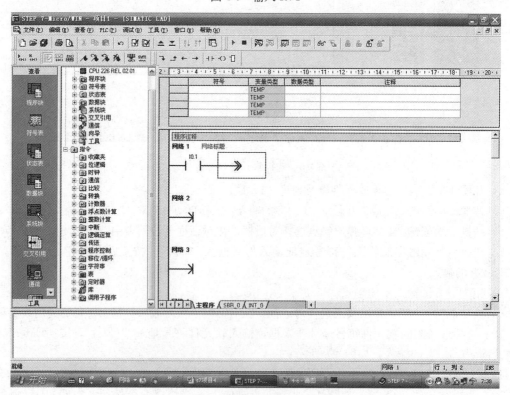

图 4-7　输入常开触点 I0.1 后

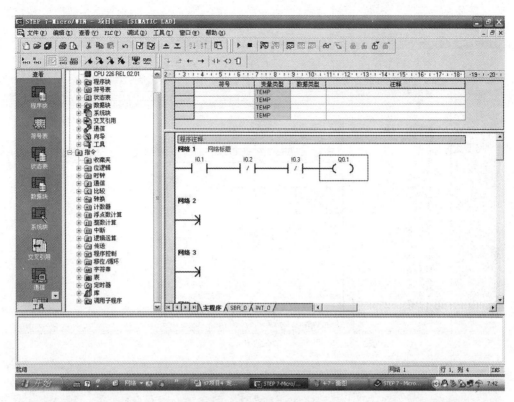

图 4-8　输入线圈 Q0.1

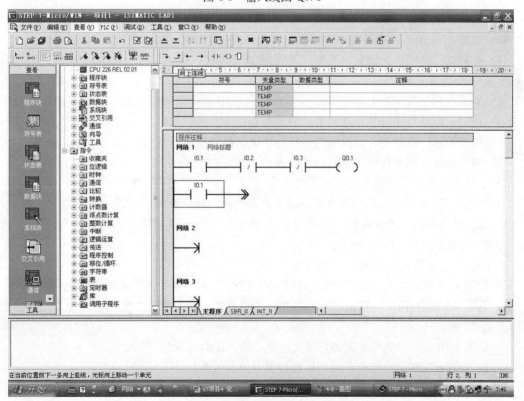

图 4-9　点击向上连线

13）如图 4-10 所示，完成电动机 1 梯形图程序的输入；

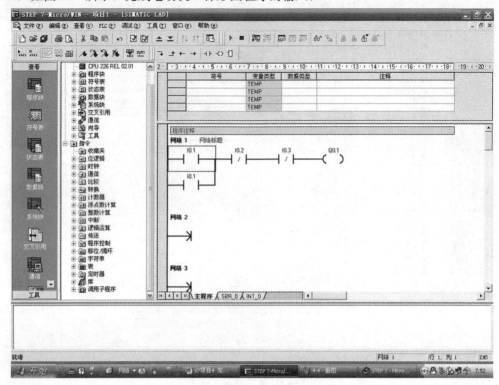

图 4-10　电动机 1 梯形图

14）如图 4-11 所示，选择程序注释框，删除"程序注释"，并输入程序注释"定时控制"；

15）在网络 1 的网络标题处，删除"网络标题"，并输入"电动机 1 控制"，完成网络标题的修改。

（5）输入三相交流异步电动机 2 的控制程序。三相交流异步电动机 2 的控制程序如图 4-12 所示，可用输入电动机 1 控制程序的方法输入电动机 2 的控制程序。

在网络 2 的网络标题处，修改网络标题为"电动机 2 控制"，完成网络 2 标题的修改。

（6）输入定时器控制程序。定时器 T37 的控制程序如图 4-13 所示。具体操作如下：

1）鼠标点击网络 3 的第 1 行、第 1 列；

2）按功能键"F4"，弹出触点选择下拉列表对话框，选择常开触点项；

3）选择该常开触点的软元件符号地址输入框，输入软元件符号地址"Q0.1"，按"Enter"键，完成常开触点"Q0.1"的输入；

4）用上述方法输入常闭触点"Q0.2"；

5）如图 4-14 所示，点击指令树定时器指令左边的"+"号，展开定时器指令；

6）选择"TON"指令，双击"TON"指令符号，如图 4-15 所示，定时器指令自动连接到常闭触点 Q0.2 后；

7）如图 4-16 所示，选择定时器符号地址框，输入定时器编号"T37"；

8）按"Enter"键，光标自动跳到定时器设定值输入框；

9）输入常数"60"，按"Enter"键，完成定时器 T37 指令的输入；

10）在网络 3 的网络标题处，删除"网络标题"，并输入"定时器控制"，完成网络标题的修改。

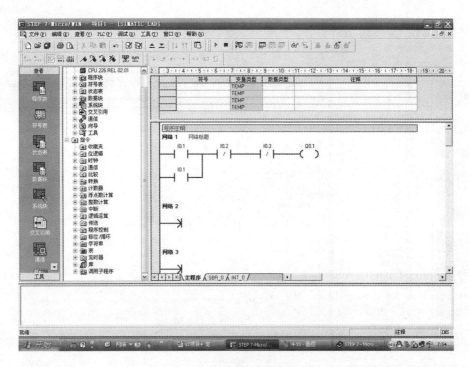

图 4-11 输入程序注释

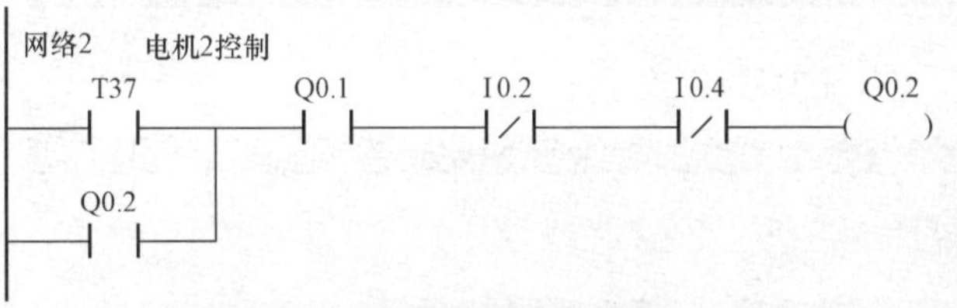

网络2　电机2控制

T37　　Q0.1　　I0.2　　I0.4　　Q0.2

Q0.2

图 4-12 电动机 2 控制程序

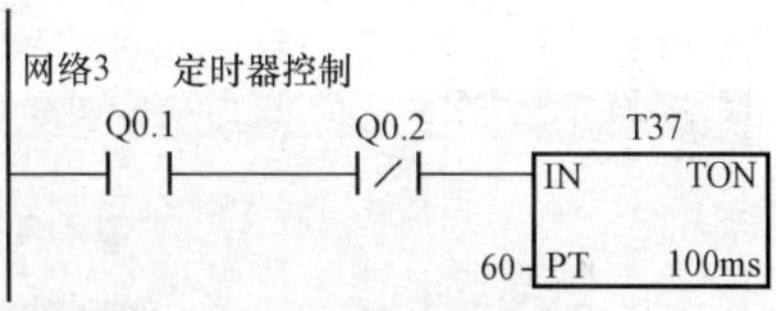

网络3　定时器控制

Q0.1　　Q0.2　　　　T37

IN　　TON

60 - PT　　100ms

图 4-13 定时器 T37 控制程序

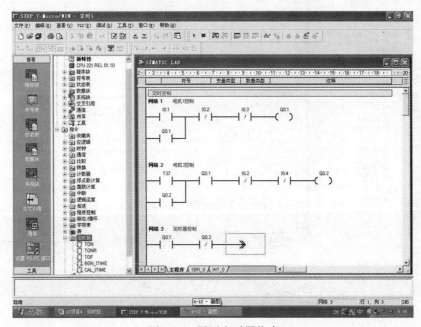

图 4-14 展开定时器指令

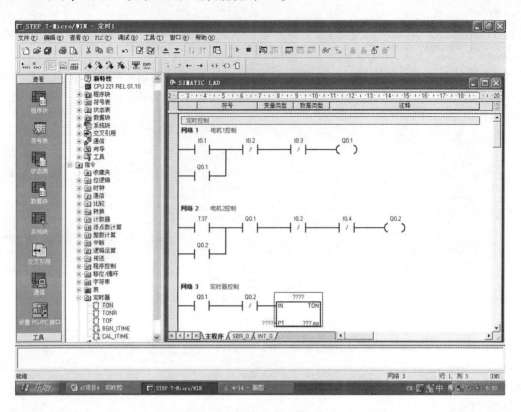

图 4-15　定时器指令输入

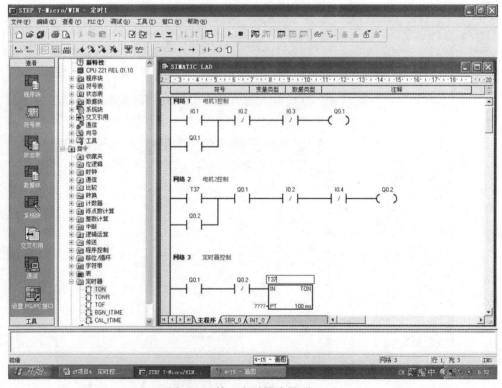

图 4-16　输入定时器编号"T37"

（7）梯形图编译。点击执行"PLC"菜单下的"编译"子菜单命令，对编辑好的梯形图进行编译。

2. 系统安装与调试

（1）主电路按图 4-1 所示的三相交流异步电动机定时控制电路主电路接线。

（2）将 PLC 按图 4-2 所示的接线图接线。

（3）将 PLC 程序下载到 PLC。

（4）使 PLC 处于运行状态。

（5）如图 4-17 所示，点击执行"调试"菜单下的子菜单"开始程序状态监控"子菜单命令，启动 PLC 的监控模式。

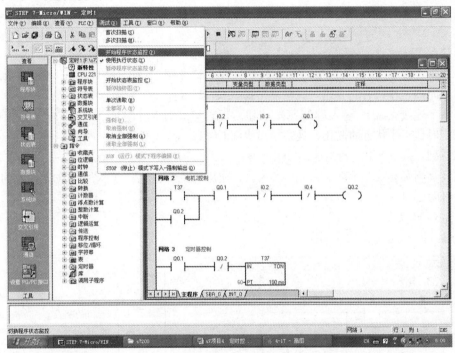

图 4-17 启动监控

（6）按下启动按钮 SB1，观察 PLC 的输出点 Q0.1，观察电动机 1 的运行。

（7）等待 6s，观察 PLC 的输出点 Q0.2，观察电动机 2 的运行，体会定时器的作用。

（8）按下停止按钮 SB2，观察 PLC 的输出点 Q0.1、Q0.2，观察电动机 1、电动机 2 是否停止。

 技能提高训练

1. 观察累计计时定时器的工作状态变化规律

（1）输入图 4-18 所示的梯形图，下载程序到 PLC。

（2）使 PLC 处于运行模式。

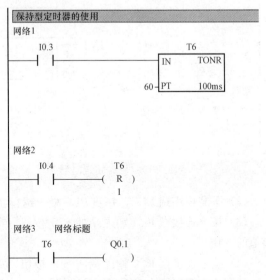

图 4-18 保持型计时定时器 T6

79

（3）点击执行"调试"菜单下的子菜单"开始程序状态监控制"子菜单命令，启动 PLC 监控模式。

（4）点动连接在 I0.3 输入端按钮 SB1，观察梯形图上计时值 T6 当前值的变化，观察输出线圈 Q0.1 的变化。

（5）按下 SB1 按钮累积时间超过 6s 时，观察保持型计时定时器 T6 当前值的变化，观察 T6 工作状态的变化。

（6）点动连接在 I0.4 输入端按钮 SB2，观察保持型计时定时器 T6 当前值的变化。

2. 长时间定时程序

（1）输入图 4-19 所示的梯形图，下载程序到 PLC。

（2）使 PLC 处于运行状态。

（3）启动 PLC 的监控模式。

（4）按下连接在 I0.1 输入端的 SB1 按钮，观察梯形图上计时值 T37、T38 当前值的变化，观察计时定时器工作状态的变化，观察输出线圈 Q0.1、Q0.2 的变化。

（5）按下连接在 I0.2 输入端的 SB2 按钮，观察梯形图上计时值 T37、T38 当前值的变化，观察计时定时器工作状态的变化，观察输出线圈 Q0.1、Q0.2 的变化。

可以看到，按下 SB1，输出线圈 Q0.1 为"ON"，定时器 T37 开始定时，T37 定时超过 30s 后定时器 T38 开始定时，T38 定时超过 30s 时，输出线圈 Q0.2 为"ON"，总的定时时间是 T37、T38 定时时间之和。

3. 断电延时程序

（1）输入图 4-20 所示的梯形图。

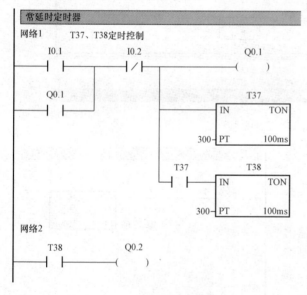

图 4-19　长时间定时器

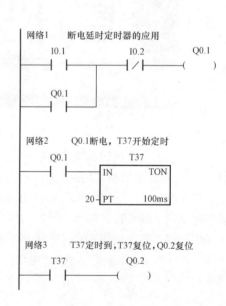

图 4-20　断电延时定时器

（2）下载程序到 PLC，并使 PLC 处于运行状态。

（3）按下连接在 I0.1 输入端的 SB1 按钮，观察输出线圈 Q0.1 的变化，观察定时器 T37 当前值的变化。

（4）按下连接在 I0.2 输入端的 SB2 按钮，观察输出线圈 Q0.1 的变化，观察定时器 T37 当前值的变化，观察输出线圈 Q0.2 的变化。

任务7　三相交流异步电动机的星—三角(Y—△)降压启动控制

基础知识

一、任务分析

正常运转时定子绕组接成三角形的三相异步电动机在需要降压启动时，可采用 Y—△降压启动的方法进行空载或轻载启动。其方法是启动时先将定子绕组接成星形接法，待转速上升到一定程度，再将定子绕组的接线改接成三角形，使电动机进入全压运行。此法简便经济，得到了普遍应用。

1. 电动机的星—三角降压启动控制电路控制要求

（1）能够用按钮控制电动机的启动和停止。

（2）电动机启动时定子绕组接成星形，延时一段时间后，自动将电动机的定子绕组换接成三角形。

（3）具有短路保护和电动机过载保护等必要的保护措施。

2. 电气控制原理

继电器控制的星—三角降压启动控制电路如图 4-21 所示，图中各元器件的名称、代号、作用见表 4-5。

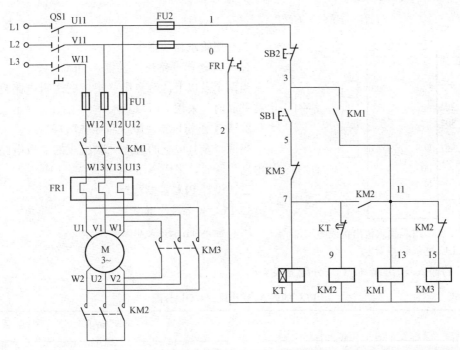

图 4-21　继电器控制的星—三角降压启动控制电路

表 4-5　　　　　　　图 4-21 中元器件的名称、代号、作用

名　　称	代　　号	用　　途
启动按钮	SB1	启动控制
停止按钮	SB2	停止控制

续表

名 称	代 号	用 途
热继电器	FR1	过载保护
交流接触器	KM1	电源控制
交流接触器	KM2	星形连接
交流接触器	KM3	三角形连接
时间继电器	KT	延时自动转换控制

3. 逻辑控制函数分析

分析三相交流异步电动机的星—三角（Y—△）降压启动控制电路（图 4-21）可以写出如下的控制函数：

$$KM1 = (SB1 \cdot \overline{KM3} \cdot KM2 + KM1) \cdot \overline{SB2} \cdot \overline{FR1}$$

$$KM2 = (SB1 \cdot \overline{KM3} + KM1 \cdot KM2) \cdot \overline{SB2} \cdot \overline{FR1} \cdot \overline{KT}$$

$$KM3 = KM1 \cdot \overline{KM2}$$

$$KT = KM1 \cdot KM2$$

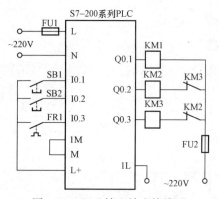

图 4-22　PLC 输入输出接线图

2. PLC 控制程序设计

二、逻辑电路块指令

1. 串联逻辑电路块并联指令 OLD

当两个及以上的触点串联组成的逻辑电路再与其他电路并联时，采用 OLD 指令。

2. 并联逻辑电路块串联指令 ALD

当两个及其以上的触点并联组成的逻辑电路再与其他电路串联时，采用 ALD 指令。

三、设计 PLC 控制程序

1. PLC 输入输出接线图

PLC 输入输出接线如图 4-22 所示。

PLC 的输入/输出端（I/O）分配见表 4-6。

表 4-6　　　　　　　　　　　PLC 的输入/输出端（I/O）分配

输入		输出	
SB1	I0.1	KM1	Q0.1
SB2	I0.2	KM2	Q0.2
FR1	I0.3	KM3	Q0.3

根据控制函数设计的 PLC 控制梯形图如图 4-23 所示。

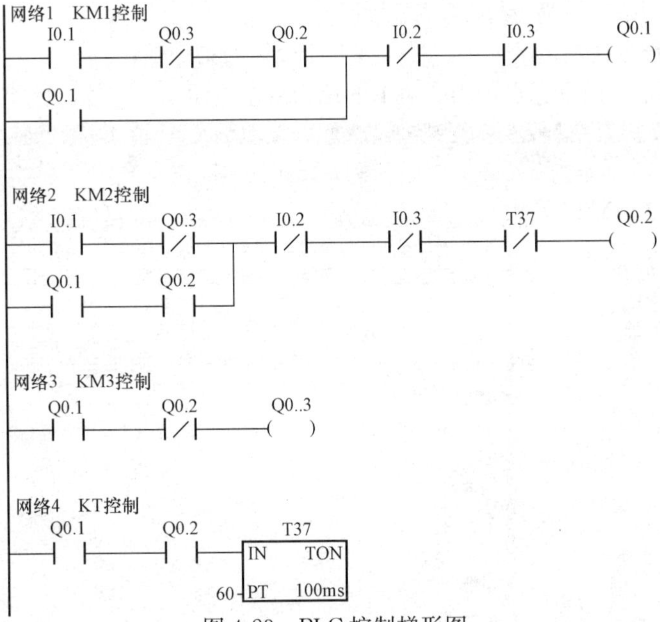

网络1　KM1控制

图 4-23　PLC 控制梯形图

技能训练

一、训练目标

（1）能够正确设计三相交流异步电动机的星—三角（Y—△）降压启动控制的 PLC 程序。

（2）能正确输入和传输 PLC 控制程序。

（3）能够独立完成三相交流异步电动机的星—三角（Y—△）降压启动控制线路的安装。

（4）按规定进行通电调试，出现故障时，应能根据设计要求进行检修，并使系统正常工作。

二、训练步骤与内容

1. 设计并输入 PLC 程序

（1）PLC 的 I/O 分配

1）PLC 的 I/O 分配见表 4-6。

2）KT 使用定时器 T37。

（2）根据 PLC 的 I/O 分配，写出控制函数。

$$Q0.1 = (I0.1 \cdot \overline{Q0.3} \cdot Q0.2 + Q0.1) \cdot \overline{I0.2} \cdot \overline{I0.3}$$
$$Q0.2 = (I0.1 \cdot \overline{Q0.3} + Q0.1 \cdot Q0.2) \cdot \overline{T37}$$
$$Q0.3 = Q0.1 \cdot \overline{Q0.2}$$
$$T37 = Q0.1 \cdot Q0.2$$

（3）根据控制函数画出 PLC 控制梯形图。

（4）输入接触器 KM1 的控制程序。接触器 KM1 的控制程序梯形图如图 4-24 所示。具体操作如下：

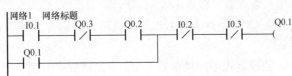

图 4-24　KM1 的控制程序梯形图

1）用鼠标点击网络 1 的第 1 行、第 1 列；

2）用鼠标点击指令树左边的"＋"号，展开指令树的指令项；

3）如图 4-25 所示，用鼠标点击指令树下的位指令左边的"＋"号，展开位指令项；

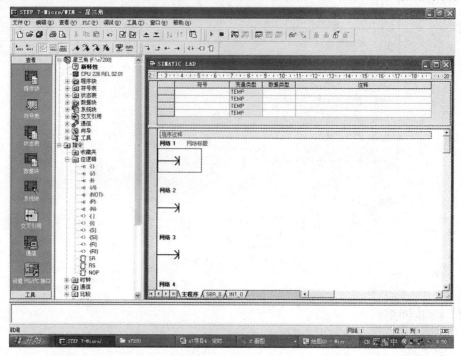

图 4-25　展开指令树

4）如图 4-26 所示，用鼠标双击指令树的位逻辑的常开触点符号，在网络 1 第 1 行、第 1 列处输入一个常开触点；

5）用同样的方法，依次输入图 4-27 所示的触点和线圈；

6）按图 4-28 所示，修改各触点和线圈的符号地址；

7）在网络 1 的第 2 行第 1 列，输入一个常开触点，修改符号地址为 Q0.1；

8）点击向右连线工具按钮两次，画两条横线；

9）鼠标左移一格，点击向上连线，画一条竖线，完成 KM1 控制程序的输入。

（5）输入接触器 KM2 的控制程序。接触器 KM2 的控制程序梯形图如图 4-29 所示。具体操作如下：

1）用鼠标点击指令树左边的"＋"号，展开指令树的指令项；

2）用鼠标点击指令树下的位指令左边的"＋"号，展开位指令项；

3）点击指令树的位逻辑的常开触点，拖曳该常开触点到网络 2 的第 1 行、第 1 列；

4）用同样的方法连续拖曳 4 个常闭触点到相应位置，再拖曳线圈到网络 2 的第 1 行、第 6 列；

5）如图 4-30 所示，修改各触点和线圈的符号地址；

6）用上述类似的方法，输入常开触点 Q0.1、Q0.2；

7）用鼠标点击常开触点 Q0.2，点击向上连线工具按钮，画一条竖线，完成 KM2 控制程序的输入。

（6）输入接触器 KM3 的控制程序。接触器 KM3 的控制程序如图 4-31 所示，具体操作可按 KM2 相同的方法进行。

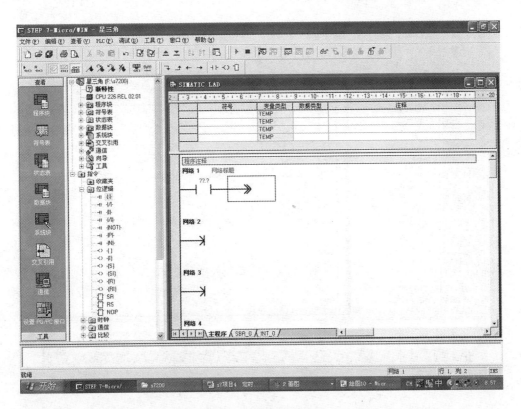

图 4-26 输入常开触点

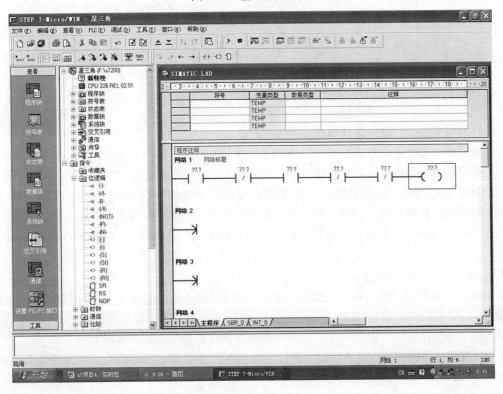

图 4-27 输入触点和线圈

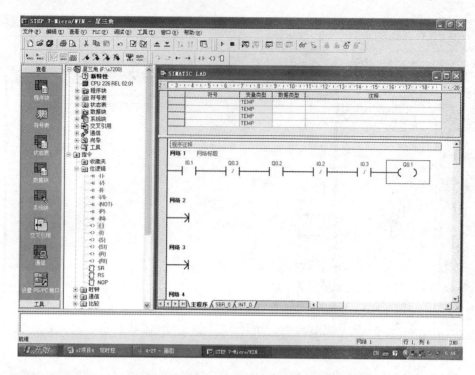

图 4-28　修改符号地址

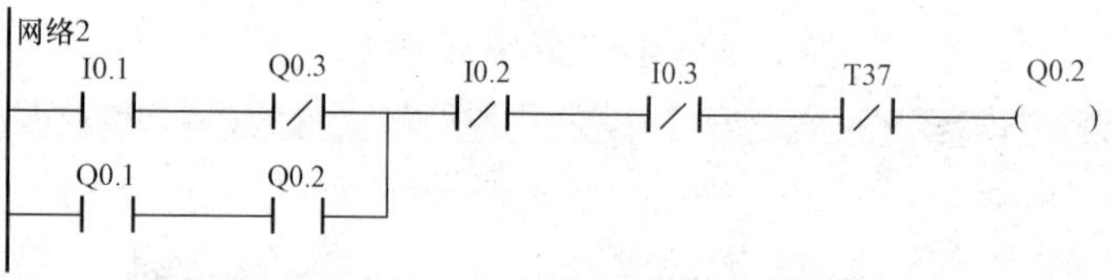

```
网络2
    I0.1        Q0.3       I0.2       I0.3        T37        Q0.2
  ──┤├───────┤/├─────┬──┤/├───┤/├───────┤/├────────(    )
    Q0.1        Q0.2   │
  ──┤├───────┤├──────┘
```

图 4-29　KM2 控制程序梯形图

（7）输入定时器 KT 的控制程序。定时器 KT 的控制程序如图 4-32 所示。具体操作如下：

1）在网络 4 第 1 行输入常开触点 Q0.1、Q0.2；

2）用鼠标点击指令树左边的"＋"号，展开指令树的指令项；

3）用鼠标点击指令树下的定时器指令左边的"＋"号，展开定时器指令项；

4）如图 4-33 所示，拖曳定时器 TON 指令符号到常开触点 Q0.2 后面；

5）修改定时器编号为"T37"，修改设置值 PT 为 60，完成定时器指令的输入。

（8）梯形图编译。点击执行"PLC"菜单下的"编译"子菜单命令，对编辑好的梯形图进行编译。

（9）查看指令语句表程序。

1）如图 4-34 所示，点击执行"查看"菜单下的子菜单"STL"菜单命令，切换到指令表显示画面；

2）指令语句程序如图 4-35 所示，注意串联电路块并联指令 OLD 的应用。

（10）查看梯形图程序。点击执行"查看"菜单下的子菜单"梯形图"菜单命令，切换到梯形图显示画面，可查看梯形图程序。

2. 系统安装与调试

（1）主电路按图 4-21 所示的三相交流异步电动机的星—三角（Y—△）降压启动控制线路接线。

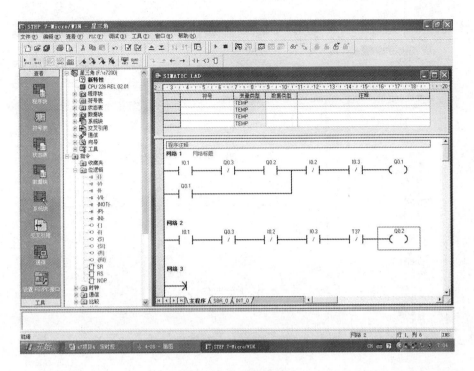

图 4-30 修改符号地址

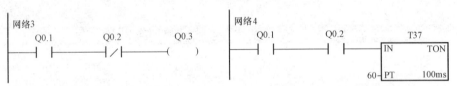

图 4-31 KM3 控制程序

图 4-32 KT 控制程序

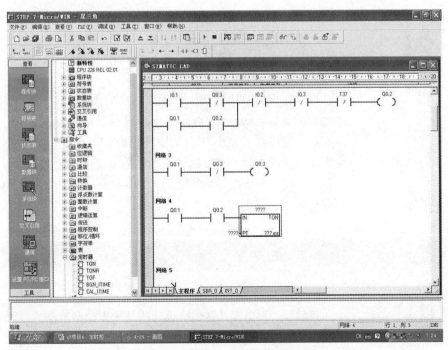

图 4-33 拖曳定时器 TON 符号

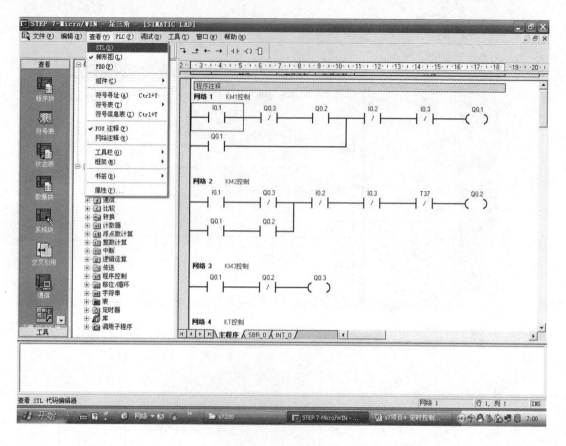

图 4-34　切换到 STL

（2）PLC 按图 4-22 所示的 PLC 接线图接线。

网络 1　KM1控制

```
LD    I0.1
AN    Q0.3
A     Q0.2
O     Q0.1
AN    I0.2
AN    I0.3
=     Q0.1
```

网络 2　KM2控制

```
LD    I0.1
AN    Q0.3
LD    Q0.1
A     Q0.2
OLD
AN    I0.2
AN    I0.3
AN    T37
=     Q0.2
```

网络 3　KM3控制

```
LD    Q0.1
AN    Q0.2
=     Q0.3
```

网络 4　KT控制

```
LD    Q0.1
A     Q0.2
TON   T37, 60
```

图 4-35　指令表程序

（3）将 PLC 控制程序下载到 PLC。

（4）使 PLC 处于运行状态。

（5）点击执行"调试"菜单下的子菜单"开始程序状态监控"子菜单命令，启动 PLC 的监控模式。

（6）按下启动按钮 SB1，观察 PLC 的输出点 Q0.1、Q0.2，观察电动机的星形启动运行状况，观察定时器 T37 的当前值变化。

（7）等待 6s，观察 PLC 的输出点 Q0.1、Q0.3，观察电动机的三角形运行状况，观察定时器 T37 的当前值变化。

（8）按下停止按钮，观察 PLC 的输出点 Q0.1、Q0.2、Q0.3，观察电动机是否停止。

技能提高训练

1. 转换设计法

接触器、继电器线路转换设计法是依据控制对象的接触器、继电器线路原理图，用 PLC 对应的符号和功能相类似软元件，把原来的接触器、继电器线路转换成梯形图程序的设计方法，简称转换设计法。

转换设计法特别适合于 PLC 程序设计的初学者，也适用于对原有旧设备的技术改造。

应用转换设计法的操作步骤如下：

（1）仔细研读接触器、继电器线路。在读图时注意区分原有设备主电路与控制电路，确定主电路的关键元件及相互关联的元件和电路，分析主电路和控制电路，分析各元件在电路中的作用。

（2）确定 PLC 输入输出及接线图。将现有的接触器、继电器线路图上的元件进行编号并制作 PLC 软元件符号地址表，即对线路图上的输入信号如按钮、行程开关、传感器开关等进行 PLC 软元件编号，并转换为 PLC 对应输入端；对线路图上的接触器线圈、电磁阀、指示灯、数码管等控制对象进行 PLC 软元件编号，并转换为 PLC 对应输出端。

（3）确定 PLC 的辅助继电器、定时器。将现有的接触器、继电器线路图上的中间继电器、定时器元件进行编号并制作 PLC 软元件符号地址表。

（4）画出梯形图草图。

（5）简化、完善梯形图程序。

1）利用逻辑代数运算简化函数表达式，简化 PLC 程序；

2）利用辅助继电器取代重复使用部分，简化 PLC 程序；

3）分网络、模块化编程，使 PLC 程序清晰；

4）加强保护与诊断，完善 PLC 程序。

转换设计法应用时应注意：

（1）按钮、行程开关、传感器开关等采用常开触点输入时，PLC 控制逻辑与接触器、继电器线路图控制逻辑相同。

（2）按钮、行程开关、传感器开关等某个开关采用常闭触点输入时，PLC 控制逻辑图中对应的触点状态取反。

2. 双速电动机控制

双速电动机的控制线路如图 4-36 所示，请用转换设计法设计双速电动机 PLC 控制程序。

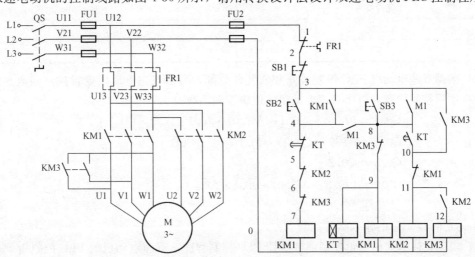

图 4-36　双速电动机控制线路

双速电动机 PLC 控制程序设计参考：

（1）设置 PLC 软元件。

1）图 4-36 中元件名称、代号、作用见表 4-7。

表 4-7   图 4-36 中元件名称、代号、作用

元 件 名 称	代 号	作 用
停止按钮	SB1	停止
按钮 1	SB2	低速启动
按钮 2	SB3	低速启动高速运行
热继电器	FR1	过载保护
接触器 1	KM1	低速运行
接触器 2	KM2	高速运转
接触器 3	KM3	高速运转
辅助继电器	M1	辅助控制
定时器	KT	定时控制

2）输入、输出 I/O 分配。PLC 的输入、输出 I/O 分配见表 4-8。

表 4-8   PLC 输入、输出 I/O 分配

输 入		输 出	
SB1	I0.1	KM1	Q0.1
SB2	I0.2	KM2	Q0.2
SB3	I0.3	KM3	Q0.3
FR1	I0.4		

3）其他软元件分配见表 4-9。

表 4-9   其他软元件分配

元件符号	地址
M1	M3.0
KT	T37

（2）根据双速电动机 PLC 控制线路和软元件分配，写出双速电动机逻辑控制函数。分析双速电动机逻辑控制线路，得出双速电动机的逻辑控制函数为

$$Q0.1 = (I0.2 + Q0.1 + M3.0) \cdot \overline{I0.1} \cdot \overline{I0.4} \cdot \overline{Q0.2} \cdot \overline{T37}$$

$$Q0.2 = (T37 + Q0.2) \cdot \overline{I0.1} \cdot \overline{I0.4} \cdot \overline{Q0.1}$$

$$Q0.3 = Q0.2$$

$$M3.0 = (I0.3 + M3.0) \cdot \overline{I0.1} \cdot \overline{I0.4} \cdot \overline{T37}$$

$$T1 = M3.0$$

T1 为定时器 T37 的输入端的控制条件。

（3）根据双速电动机逻辑控制函数设计 PLC 控制程序。双速电动机的 PLC 控制指令表程序如下：

```
Network1//低速启动运行
LD        I0.2
O         Q0.1
O         M3.0
```

AN	I0.1
AN	I0.4
AN	Q0.2
AN	T37
=	Q0.1

Network2//低速运行6s后，切换到高速运行

LD	T37
O	Q0.2
AN	I0.1
AN	I0.4
AN	Q0.1
=	Q0.2
=	Q0.3

Network3//双速启动控制

LD	I0.3
O	M3.0
AN	I0.1
AN	I0.4
AN	T37
=	M3.0
TON	T37，60

3. 三速电动机控制

三速电动机的控制线路如图4-37所示，请用转换设计法设计三速电动机 PLC 控制程序。

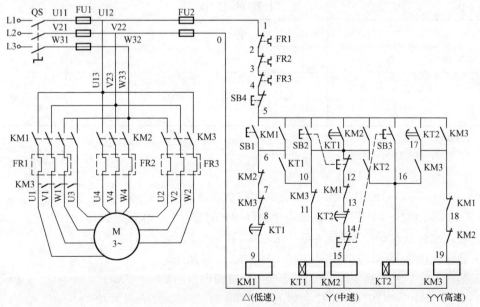

图 4-37 三速电动机控制线路

4. 用 V80 系列 PLC 实现三相交流异步电动机的星—三角（Y—△）降压启动控制

（1）V80 系列 PLC 的定时器。

1）矩形 V80 系列 PLC 的定时器分类：

T1.0　　　1s 定时器

T0.1　　　0.1s 定时器

T0.01　　　0.01s 定时器

T1.0 定时器以 1s 为计时单位，每经 1s 定时器的累计加 1。累计计时值达到设定值时，定时器驱动的输出线圈为"ON"。

T0.1 定时器以 0.1s 为计时单位，每经 0.1s 定时器的累计加 1。累计计时值达到设定值时，定时器驱动的输出线圈为"ON"。

T0.01 定时器以 0.01s 为计时单位，每经 0.01s 定时器的累计加 1。累计计时值达到设定值时，定时器驱动的输出线圈为"ON"。

定时器外部信号可激活计时、停止计时、清除计时等动作。

2）定时器指令符号。定时器指令符号如图 4-38 所示。

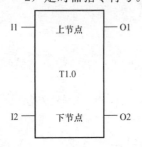

图 4-38　定时器指令符号

输入控制端说明：

I1：动作控制，输入动作时（ON）执行计时功能。

I2：计时累计值清除控制，低电平动作，当动作时（即 0）定时器累计值清除为 0。

功能输出端说明：

O1：计时到输出

O1＝1，计时累计值＝设置值；

O1＝0，计时累计值＜设置值。

O2：与 O1 输出相反。

定时器的操作数见表 4-10。

表 4-10　　　　　　　　　　定　时　器　的　操　作　数

节点	0	1	2	3	4	C	P	L
上节点				√	√	√		
下节点					√			

注　C—常数，范围是 0～65 535；

　　P—指针，范围是 P1～P15；

　　L—标签，范围是 L0～L150。

（2）V80 系列 PLC 的定时器应用。定时器指令应用如图 4-39 所示。

图 4-39 所示的梯形图程序为每 5s 一个循环的定时器，其动作流程为：

1）假定刚开始 40012 内存值为零，此时 00040＝"OFF"，00041＝"ON"；

2）当输入信号 10012 为"ON"后，40012 每 1s 累加 1；

3）当 10012 "ON" 后 5s，40012 值＝5，此时输出为：00040＝"ON"，00041＝"OFF"；

4）由于 00040＝"ON"导致 I2 的输入为"OFF"，连带 40012 清为"0"；

5）40012＝0，00040 回至"OFF"，40012 再度累加，动作回至步骤 3）。

（3）PLC 输入输出接线图，如图 4-40 所示。

（4）设计 PLC 控制程序。

1）PLC 的输入、输出 I/O 分配见表 4-11。

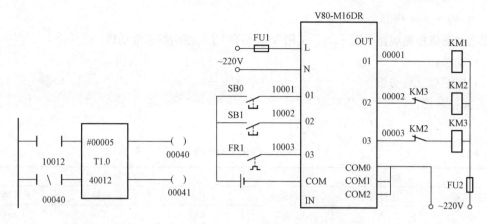

图 4-39 定时器指令应用   图 4-40 PLC 输入输出接线图

表 4-11   **PLC 输入、输出 I/O 分配**

输 入			输 出		
元件代号	注释符号	元件地址	元件代号	注释符号	元件地址
SB1	X1	10001	KM1	Y1	00001
SB2	X2	10002	KM2	Y2	00002
FR1	X3	10003	KT	T1	00020

2) 控制函数为

$$Y1 = (X1 \cdot \overline{Y3} \cdot Y2 + Y1) \cdot \overline{X2} \cdot \overline{X3}$$

$$Y2 = (X1 \cdot \overline{Y3} + Y1 \cdot Y2) \cdot \overline{T1}$$

$$Y3 = Y1 \cdot \overline{Y2}$$

$$I1 = Y1 \cdot Y2$$

3) PLC 控制梯形图。根据控制函数设计的 PLC 控制梯形图如图 4-41 所示。

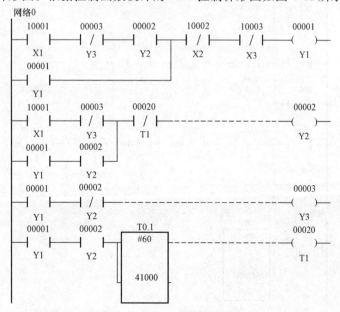

图 4-41 PLC 控制梯形图

5. 用 V80 系列 PLC 控制双速电动机

双速电动机控制线路见图 4-36，试用 V80 系列 PLC 控制双速电动机。

设计参考：

（1）PLC 软元件分配。

1）元件名称、代号、作用见表 4-7。

2）PLC 的输入、输出 I/O 分配见表 4-12。

表 4-12　　　　　　　　　　　　　　输入、输出 I/O 分配

输　　入			输　　出		
元件代号	注释符号	元件地址	元件代号	注释符号	元件地址
SB1	X1	10001	KM1	Y1	00001
SB2	X2	10002	KM2	Y2	00002
SB3	X3	10003	KM3	Y3	00003
FR1	X4	10004			

3）其他软元件分配见表 4-13。

表 4-13　　　　　　　　　　　　　　其他软元件分配

元 件 代 号	注 释 符 号	元 件 地 址
M1	M1	00030
KT	T1	00040

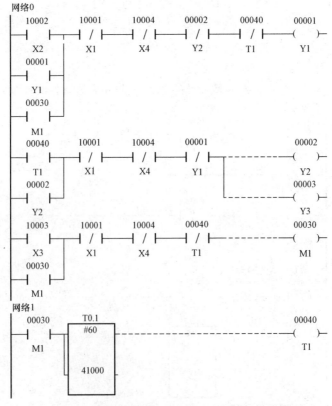

图 4-42　V80 系列 PLC 控制双速电动机梯形图

任务7

（2）双速电动机控制函数如下

$$Y1 = (X2 + Y1 + M1) \cdot \overline{X1} \cdot \overline{X4} \cdot \overline{Y2} \cdot \overline{T1}$$

$$Y2 = (T1 + Y2) \cdot \overline{X1} \cdot \overline{X4} \cdot \overline{Y1}$$

$$Y3 = Y2$$

$$M1 = (X3 + M1) \cdot \overline{X1} \cdot \overline{X4} \cdot \overline{T1}$$

$$I1 = M1$$

V80 系列 PLC 控制双速电动机的梯形图如图 4-42 所示。

6. 用 V80 系列 PLC 控制三速电动机

三速电动机控制线路见图 4-37，试用 V80 系列 PLC 控制三速电动机。

项目五 计数器控制及其应用

学习目标

(1) 学会使用西门子 PLC 的计数器指令。

(2) 学会复杂控制的分解与综合。

(3) 学会分析计数器的计数条件、复位条件。

(4) 学会用 PLC 实现工作台循环移动的计数控制。

任务 8 工作台循环移动的计数控制

基础知识

一、任务分析

1. 控制要求

用 PLC 控制工作台自动往返运行，工作台前进、后退由电动机通过丝杆拖动。工作台运行示意图如图 5-1 所示。

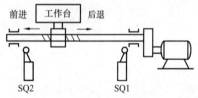

图 5-1 工作台运行示意图

控制要求：

(1) 按下启动按钮，工作台自动循环工作。

(2) 按下停止按钮，工作台停止。

(3) 点动控制（供调试用）。

(4) 6 次循环运行。

2. 控制分析

(1) 工作台的前进、后退可以由电动机正、反转控制程序实现。

(2) 自动循环可以通过行程开关在电动机正、反转基础上联锁控制实现，即在正转结束位置，通过该位置上的行程开关切断正转程序的执行，并启动反转控制程序；在反转结束位置，通过该位置上的行程开关切断反转程序的执行，并启动正转控制程序。

(3) 点动控制通过解锁自锁环节来实现。

(4) 有限次的运行通过计数器指令计数运行次数，从而决定是否终止程序的运行。

二、PLC 控制程序设计

1. S7-200 系列 PLC 的计数器

(1) 计数器简介。

1) 计数器用于对输入脉冲的个数进行计数，实现计数控制。使用计数器时要事先在程序中给出计数的设定值，当满足计数输入条件时，计数器开始累计计数输入端的脉冲前沿的次数，当计数器的当前值达到设定值时，计数器动作。

2）S7-200系列PLC的计数器有三种，即增计数器（CTU）、减计数器（CTD）和增减计数器（CTUD），共有256个。

3）计数器的编号由计数器名称和地址常数组成，其编号为C0～C255。在同一程序中，每个计数器的编号只能用于三种计数器的其中一类。

4）每个计数器都有1个16位的当前值寄存器和1个状态位。计数器的当前值表示当前计数器所累计的次数，用16位整数表示。

对于增计数器、增减计数器，当计数器当前值达到设定值时，计数器状态位为"ON"。对于减计数器，当前值减为0时、计数器状态位为"ON"。

（2）计数器指令。计数器指令的梯形图、指令助记符见表5-1。

表5-1　　　　　　　　　　　　计 数 器 指 令

名　称	增计数器	减计数器	增减计数器
计数器类型	CTU	CTD	CTUD
指令表语句	CTU Cn, PV	CTD Cn, PV	CTUD Cn, PV
梯形图	Cn（CU CTU / R / PV）	Cn（CU CTD / R / PV）	Cn（CU CTUD / CD / R / PV）
操作数	Cn：指定计数器的编号，C0～C255； CU、CD：指定计数条件，位型数据，I、Q、V、M、S、T、C等； R：指定复位条件，位型数据，I、Q、V、M、S、T、C等； PV：设定值，整数型，IW、QW、VW、MW、SMW、AC、常数、T、C等		

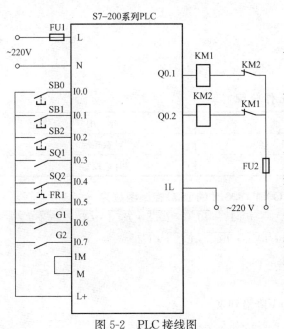

图5-2　PLC接线图

（3）边沿脉冲指令。

1）EU为上升沿脉冲输出指令，在输入信号的上升沿产生脉冲输出。

2）ED为下降沿脉冲输出指令，在输入信号的下降沿产生脉冲输出。

（4）置位与复位指令

1）S为置位（置1）指令，指令形式为S bit N。置位指令执行时，从bit指定的地址参数开始的N点保持为ON。

2）R为复位（置0）指令，指令形式为R bit N。复位指令执行时，从bit指定的地址参数开始的N点复位为OFF。当复位指定的定时器或计数器时，那么定时器或计数器被复位，同时定时器或计数器的当前值将被清零。

3）置位、复位的点数N可以是1～255。

（5）多重输出指令LPS、LRD、LPP。

1) LPS 为进栈指令，记忆到 LPS 指令为止的状态；

2) LRD 为读栈指令，读出用 LPS 指令记忆的状态；

3) LPP 为出栈指令，读出用 LPS 指令记忆的状态，并清除该状态。

2. 设计工作台循环移动的计数控制 PLC 程序

(1) PLC 输入/输出端 (I/O) 分配见表 5-2。

(2) PLC 接线如图 5-2 所示。

表 5-2   **PLC 输入/输出端 (I/O) 分配**

输　入		输　出		输　入		输　出	
SB0	I0.0	KM1	Q0.1	SQ2	I0.4		
SB1	I0.1	KM2	Q0.2	FR1	I0.5		
SB2	I0.2			K1	I0.6		
SQ1	I0.3			K2	I0.7		

(3) PLC 控制程序如图 5-3 所示。

 技能训练

一、训练目标

(1) 能够正确设计工作台循环移动的计数控制的 PLC 程序。

(2) 能正确输入和传输 PLC 控制程序。

(3) 能够独立完成工作台循环移动的计数控制线路的安装。

(4) 按规定进行通电调试，出现故障时，应能根据设计要求进行检修，并使系统正常工作。

二、训练步骤与内容

1. 设计、输入 PLC 程序

(1) PLC 输入/输出端 (I/O) 分配。

1) PLC 输入/输出端 (I/O) 分配见表 5-2。

2) 其他软元件分配见表 5-3。

表 5-3   **其 他 软 元 件 分 配**

元件代号	地　址	作　用
CNT1	C1	计数控制
CNT2	C2	计数控制

(2) PLC 控制函数。根据控制要求可以写出 Q0.1、Q0.2 的 PLC 控制函数为

$$Q0.1 = (\overline{I0.6} \cdot Q0.1 + (\overline{I0.7} + M0.2) \cdot I0.3 + I0.1) \cdot \overline{I0.0} \cdot \overline{I0.5} \cdot \overline{I0.4} \cdot \overline{Q0.2} \cdot \overline{C1}$$

$$Q0.2 = (\overline{I0.6} \cdot Q0.2 + I0.4 + I0.2) \cdot \overline{I0.0} \cdot \overline{I0.5} \cdot \overline{I0.3} \cdot \overline{Q0.1} \cdot \overline{C2}$$

$$M0.1 = (I0.1 + M0.1) \cdot \overline{I0.0}$$

$$M0.2 = (I0.2 + M0.2) \cdot \overline{I0.0}$$

C1 计数输入控制：M0.1 为 ON 时，Q0.2 的下降沿到来。

C1 计数复位控制：I0.0。

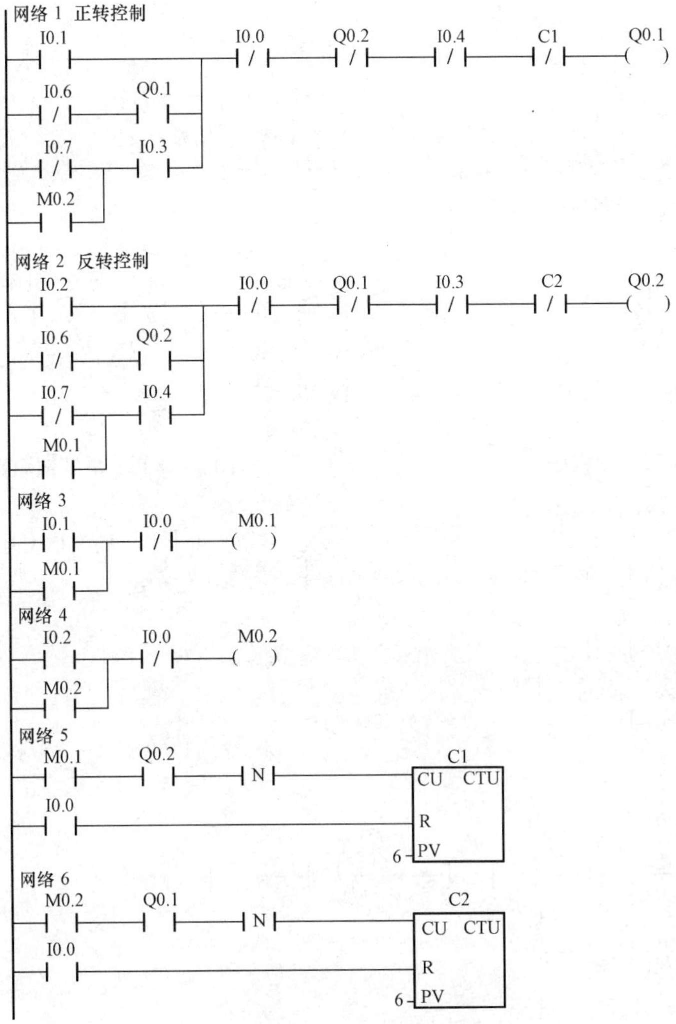

图 5-3　PLC 控制程序

C2 计数输入控制：M0.2 为 ON 时与 Q0.1 的下降沿到来。

C2 计数复位控制：I0.0。

（3）画出 PLC 梯形图。

（4）输入正转控制程序。正转控制程序如图 5-4 所示，其输入操作可参考项目二和项目三的操作进行。

（5）输入反转控制程序。反转控制程序如图 5-5 所示，其输入操作可参考项目二和项目三的操作进行。

（6）增加互锁控制的正、反转控制。增加互锁控制的正、反转控制程序如图 5-6 所示，其输入操作可参考项目二和项目三的操作进行。

（7）增加行程开关控制的自动往返功能。增加行程开关 SQ1、SQ2 控制的自动往返功能的程序如图 5-7 所示，其输入操作可参考项目二和项目三的操作进行。

（8）解锁自锁环节，增加点动调试功能。点动/连续控制 I0.6 为 ON 时，系统处于点动控制状态，在自锁环节中串入 I0.6 的常闭触点，解锁自锁环节，就增加了点动调试功能，如图 5-8 所示。

99

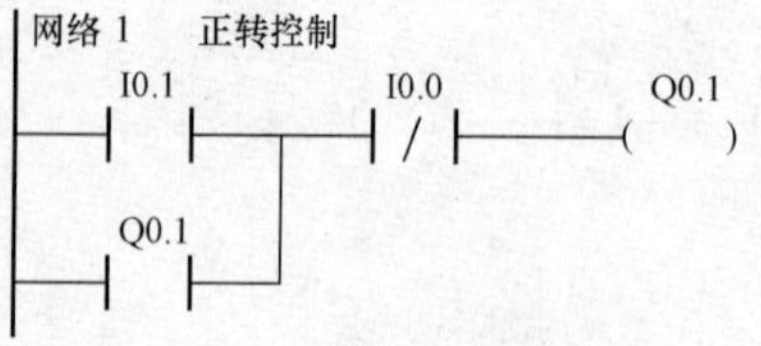

网络1   正转控制

图 5-4 正转控制程序

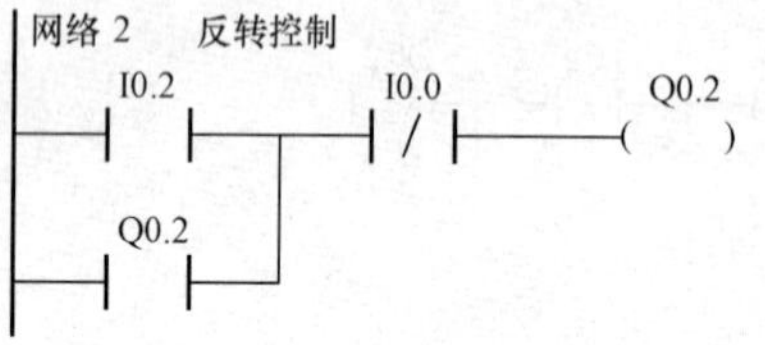

网络1   正转控制

网络2   反转控制

图 5-5 反转控制程序

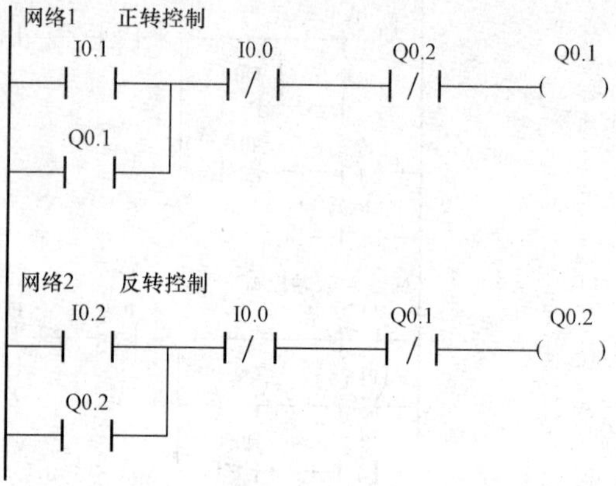

图 5-6 正、反转控制程序

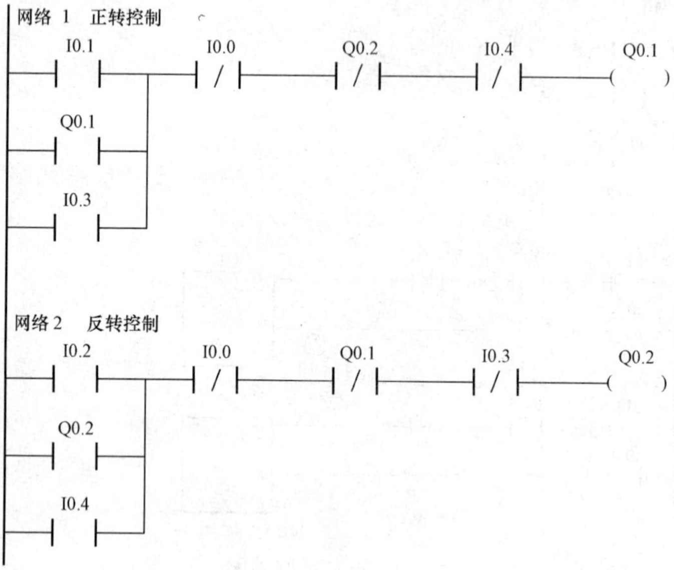

网络1   正转控制

网络2   反转控制

图 5-7 行程开关控制

网络1   正转控制

网络2   反转控制

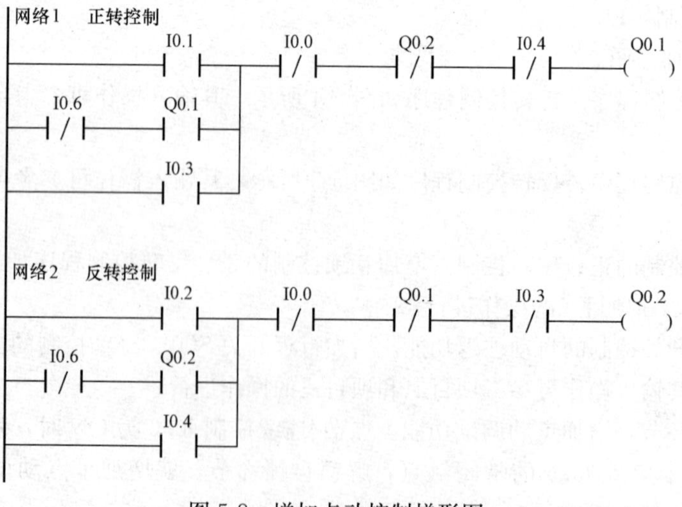

图 5-8 增加点动控制梯形图

100

（9）单次循环控制。单周/多次循环控制 I0.7 为 ON 时，系统处于单周运行状态，通过解锁循环联锁控制，即在行程开关联锁循环控制环节串入 I0.7 的常闭触点实现，增加的辅助继电器 M0.1、M0.2 保证单次循环控制的实现。单次循环控制梯形图如图 5-9 所示。

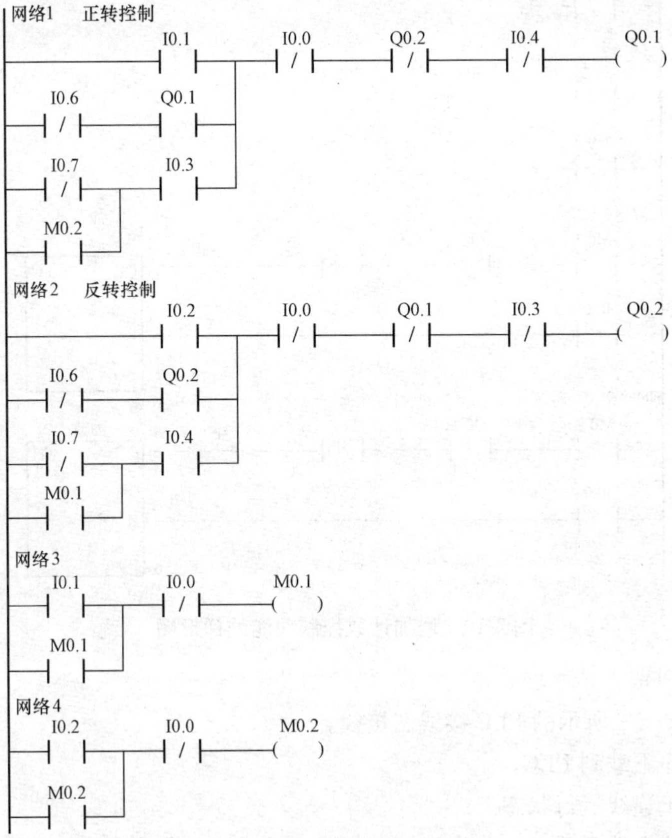

```
网络1    正转控制
        I0.1    I0.0    Q0.2    I0.4    Q0.1
     ├──┤ ├──┬──┤/├────┤/├────┤/├──────( )──┤
        I0.6    Q0.1 │
     ├──┤/├──┤ ├──┤
        I0.7    I0.3 │
     ├──┤ ├──┤ ├──┤
        M0.2       │
     ├──┤ ├───────┘

网络2    反转控制
        I0.2    I0.0    Q0.1    I0.3    Q0.2
     ├──┤ ├──┬──┤/├────┤/├────┤/├──────( )──┤
        I0.6    Q0.2 │
     ├──┤/├──┤ ├──┤
        I0.7    I0.4 │
     ├──┤ ├──┤ ├──┤
        M0.1       │
     ├──┤ ├───────┘

网络3
        I0.1    I0.0    M0.1
     ├──┤ ├──┬──┤/├──────( )──┤
        M0.1       │
     ├──┤ ├───────┘

网络4
        I0.2    I0.0    M0.2
     ├──┤ ├──┬──┤/├──────( )──┤
        M0.2       │
     ├──┤ ├───────┘
```

图 5-9 单次循环控制梯形图

（10）增加计数控制功能。增加计数控制功能的梯形图如图 5-10 所示，其具体工作过程如下：

1）按下前进按钮 I0.1，M0.1 为 ON，记忆正转启动状态，Q0.1 得电，电动机正转启动运行，驱动工作台前进；

2）碰到行程开关 SQ2，停止正转，工作台停止前移，SQ2 同时启动反转运行，工作台后退；

3）碰到行程开关 SQ1，停止反转，工作台停止后退，Q0.2 失电，下降沿触发计数器 C1 计数，C1 当前值加 1，SQ1 同时触发正转启动运行，工作台再次前进，……，如此循环运行；

4）将 C1 常闭触点串联到 Q0.1 控制回路中，C1 当前值等于 6 时，C1 为 ON，串联在 Q0.1 输入电路的 C1 常闭触点断开，Q0.1 失电，终止循环运行；

5）按下后退按钮 I0.2，M0.2 为 ON，记忆反转启动状态；

6）电动机反转，碰到 SQ1，停止反转、启动正转；

7）正转碰到 SQ2，停止正转，启动反转，C2 计数；循环 6 次，串联在 Q0.2 输入电路的 C2 常闭触点断开，Q0.2 失电，终止循环运行。

（11）工作台循环移动控制功能完整的梯形图。在正、反转控制中增加计数器控制程序，计数值达到设定值时，停止控制循环。

工作台循环移动控制功能完整的梯形图程序如图 5-11 所示。

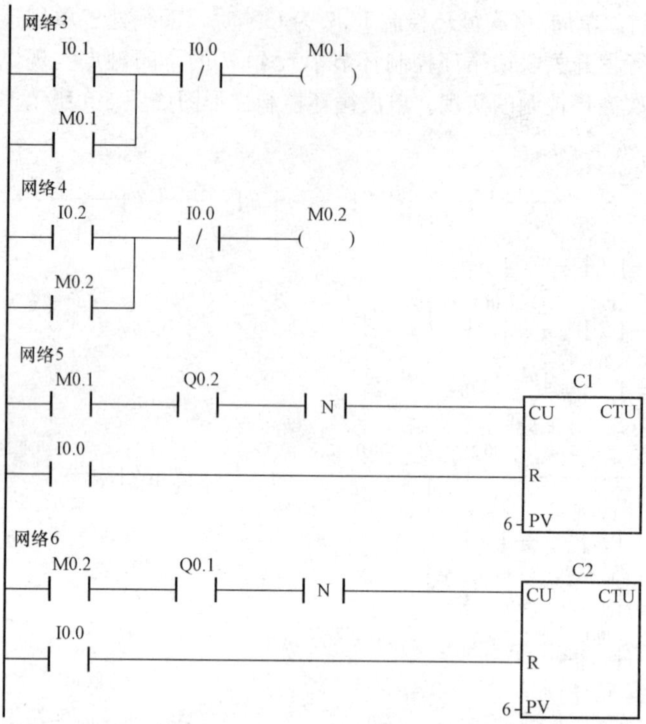

图 5-10　增加计数控制功能的梯形图

2. 系统安装与调试

(1) 将 PLC 按图 5-2 所示的 PLC 接线图接线。

(2) 将 PLC 程序下载到 PLC。

(3) 使 PLC 处于连线运行状态。

(4) 接通 I0.6 输入端开关，I0.6 常闭触点断开，系统处于点动调试状态；

(5) 按下前进控制按钮 SB1，点动控制电动机正转，使工作台点动前进，并注意观察输出端 Q0.1 的状态变化。

(6) 按下后退控制按钮 SB2，点动控制电动机反转，使工作台点动后退，并注意观察输出端 Q0.2 的状态变化。

(7) 断开 I0.6 输入端开关，I0.6 常闭触点接通，系统处于连续运行状态。

(8) 按下前进控制按钮 SB1，电动机正转连续运行，使工作台前进，并注意观察输出端 Q0.1 的状态变化。

(9) 工作台前进运行到左边极限位，碰到限位开关 SQ2，终止电动机的正转，并使电动机反转运行。

(10) 工作台后退到右边极限位，碰到限位开关 SQ1，终止电动机的反转，并使电动机正转运行。

(11) 按下停止按钮，电动机停止。

(12) 接通 I0.7 输入端开关，I0.7 常闭触点断开，解锁自动往返控制环节。

(13) 按下前进启动按钮 I0.1，电动机正转前进。

(14) 前进到左极限位，限位开关 SQ2 终止正转，并使电动机反转，工作台后退。

(15) 后退到 SQ1 处，碰到右限位开关 SQ1，终止反转并停止运行。

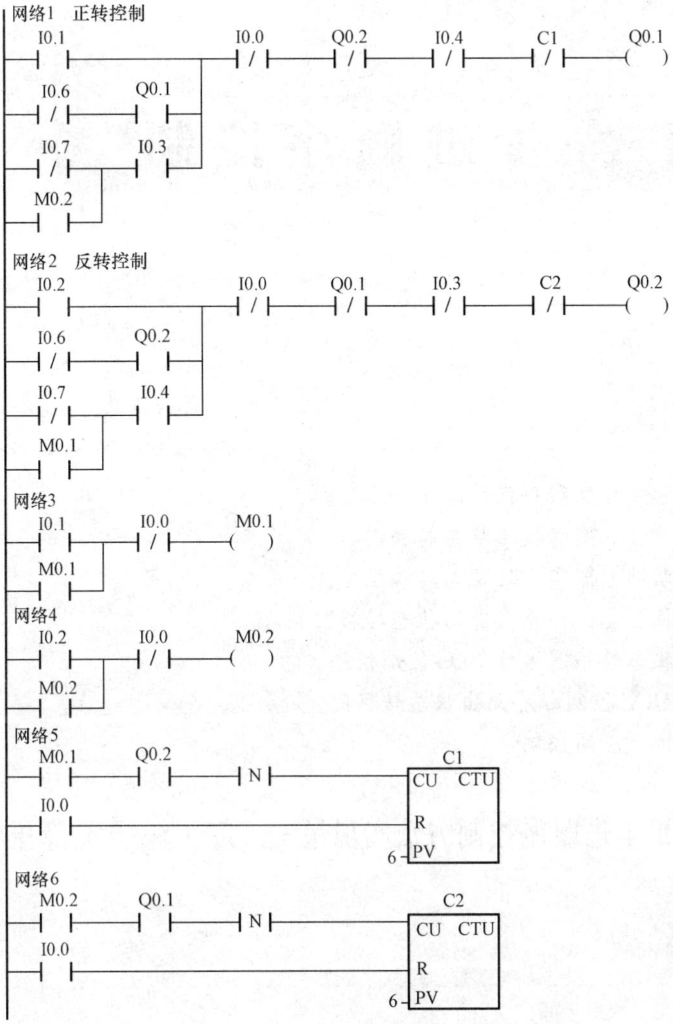

图 5-11 工作台循环控制完整的梯形图程序

（16）断开 I0.7 输入端开关，I0.7 常闭触点接通，系统处于多次循环运行状态。

（17）按下前进控制按钮 SB1，观察工作台的运行状态，观察计数器 C1 当前值的变化，观察工作台往返运行 6 次后是否停止，观察工作台的位置。

（18）按下停止按钮，观察计数器 C1、C2 当前值的变化。

（19）按下后退控制按钮 SB2，观察工作台的运行状态，观察计数器 C2 当前值的变化，观察工作台往返运行 6 次后是否停止，观察工作台的位置。

（20）按下停止按钮，观察计数器 C1、C2 当前值的变化。

项目六 步进顺序控制

学习目标

(1) 学会步进顺序控制程序设计思维和方法。

(2) 学会将工艺流程图转换为状态转移图。

(3) 学会用辅助继电器实现的状态转移控制。

(4) 学会用置位、复位指令实现的状态转移控制。

(5) 学会根据状态转移图设计 PLC 控制程序。

(6) 学会根据 PLC 控制程序画出状态转移图。

(7) 学会简易机械手的控制。

任务 9 用步进顺序控制方法实现星—三角 (Y—△) 降压启动控制

基础知识

一、任务分析

1. 控制要求

(1) 按下启动按钮，电动机定子绕组接成星形启动，延时一段时间后，自动将电动机的定子绕组换接成三角形运行。

(2) 按下停止按钮，电动机停止。

(3) 具有短路保护和电动机过载保护等必要的保护措施。

2. 电气控制原理

继电器控制的星—三角降压启动控制电路如图 4-21 所示，图中各元器件的名称、代号、作用见表 6-1。

表 6-1 　　　　　　　　　图 6-1 中元器件的名称、代号、作用

名　称	代　号	作　用	名　称	代　号	作　用
交流接触器	KM1	电源控制	启动按钮	SB1	启动控制
交流接触器	KM2	星形连接	停止按钮	SB2	停止控制
交流接触器	KM3	三角形连接	热继电器	FR1	过载保护
时间继电器	KT	延时自动转换控制			

二、步进顺序控制

1. 步进顺序控制的概念

步进顺序控制，就是按照生产工艺要求，在输入信号的作用下，根据内部的状态和时间顺序，一步接一步有序地控制生产过程进行。在实现顺序控制的设备中，输入信号来自于现场的按钮开关、行程开关、接触器触点、传感器的开关信号等，输出控制的负载一般是接触器、电磁阀等。通过接触器控制电动机动作或通过电磁阀控制气动、液动装置动作，使生产机械有序地工作。步进顺序控制中，生产过程或生产机械是按秩序、有步骤连续地工作。

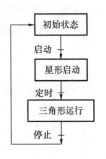

图 6-1　Y—△降压
启动控制的
工作流程

通常，我们可以把一个较复杂的生产过程分解为若干步，每一步对应生产的一个控制任务（工序），也称为一个状态。

图 6-1 所示为 Y—△降压启动控制的工作流程，系统处于初始静止状态时，按下启动按钮，系统转入第一步——星形启动状态，延时一段时间转入第二步——三角形运行状态，按下停止按钮，系统回到初始状态。

从图 6-1 可以看到，每个方框表示一步工序，方框之间用带箭头的直线相连，箭头方向表示工序转移方向。按生产工艺过程，将转移条件写在直线旁边，转移条件满足，上一步工序完成，下一步开始。方框描述了该工序应该完成的控制任务。

由以上分析可知，步进顺序控制具有以下特点：

（1）将复杂的顺序控制任务或过程分解为若干个工序（或状态），有利于程序的结构化设计。分解后的每步工序（或状态）都应分配一个状态控制元件，确保顺序控制按要求的顺序进行。

（2）相对于某个具体的工序来说，控制任务实现了简化，局部程序编制方便。每步工序（或状态）都有驱动负载能力，能使输出执行元件动作。

（3）整体程序是局部程序的综合。每步工序（或状态）在转移条件满足时，都会转移到下一步工序，并结束上一步工序。只要清楚各工序成立的条件、转移的条件和转移的方向，就可以进行顺序控制程序的设计。

2. 状态转移图

任何一个顺序控制任务或过程都可以分解为若干个工序，每个工序就是控制过程的一个状态，将图 6-1 中的工序更换为"状态"，就得到了顺序控制的状态转移图。状态转移图就是使用状态来描述控制任务或过程的流程图。

在状态转移图中，一个完整的状态应包括状态的控制元件、状态所驱动的负载、转移条件和转移方向。图 6-2 所示为状态转移图中的一个完整的状态。方框表示一个状态，框内用状态元件标明该状态名称，状态之间用带箭头的线段连接。箭头指向为由上至下、由左至右方向时可以不标出，其他情况时箭头要标出。线段上的垂直短线及旁边标注为状态转移条件，方框右边为该状态的驱动输出。图 6-2 中，当状态继电器 S2.0 为 ON 时，顺序控制进入 S2.0 状态。输出继电器 Q0.1 被驱动，通过置位指令使 Q0.2 置位并自锁。当转移条件 I0.3 的常开触点闭合时，顺序控制转移到下一个状态 S2.1。S2.0 自动复位断开，该状态下的动作停止，驱动的元件 Q0.1 复位，置位指令驱动的元件 Q0.2 仍保持接通。

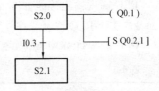

图 6-2　状态转移图中的
一个完整状态

设 S2.0 的前一状态是 S0.0，则图 6-2 所示状态转移图对应的梯形图如图 6-3 所示。

状态 S2.0 激活后，首先复位前一状态，接着完成本状态的驱动任务，最后编制状态转移程序，根据转移条件，通过置位指令向下一状态转移。

Y—△降压启动控制的状态转移图如图 6-4 所示。

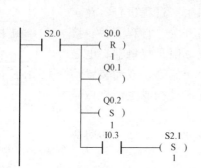

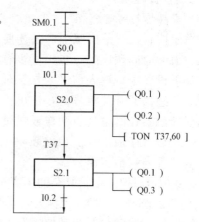

图 6-3　与图 6-3 状态转移图对应的梯形图　　　图 6-4　Y—△降压启动控制的状态转移图

初始状态是状态转移的起点，也就是预备阶段。一个完整的状态转移图必须要有初始状态。图 6-4 中，S0.0 是初始状态，用双线框表示。其他的状态用单线框表示。

状态图中，输入、输出信号都是可编程控制器的输入、输出继电器的动作，因此，画状态图前，应根据控制系统的需要，分配 PLC 的输入/输出端。Y—△降压启动控制的输入/输出端（I/O）分配见表 6-2。

表 6-2　　　　　　　　　Y—△降压启动控制的输入/输出端（I/O）分配

输　入		输　出	
SB1	I0.1	KM1	Q0.1
SB2	I0.2	KM2	Q0.2
FR1	I0.3	KM3	Q0.3

定时器使用 T37。

根据上述输入/输出端的定义，对图 6-4 说明如下：

利用 PLC 初始化脉冲 SM0.1，进入初始状态 S0.0；按下启动按钮 I0.1，进入星形启动状态 S2.0，驱动主控接触器 Q0.1、星形运行接触器 Q0.2，使电动机线圈接成星形启动运行，同时驱动定时器 T37 定时 6s；定时时间到，T37 动作，进入三角形运行状态 S2.1，S2.0 自动复位，驱动主控接触器 Q0.1、三角形运行接触器 Q0.3，使电动机绕组接成三角形运行；按下停止按钮，系统回到初始状态 S0.0。

三、步进顺序控制程序设计

1. PLC 输入输出接线图

PLC 输入输出接线如图 4-22 所示。

2. 设计 PLC 控制程序

PLC 软元件分配见表 6-3。

表 6-3　　　　　　　　　　　　PLC 软元件分配

元件名称	软元件地址	作用
初始脉冲	SM0.1	初始化
状态 0	S0.0	初始状态
状态	S2.0	星形启动
状态	S2.1	三角形运行
定时器	T37	定时

任务 9

步进顺序控制程序有辅助继电器步进设计法和顺序功能图步进设计法两种设计方法。辅助继电器步进设计法是一种系统化的设计方法，有一套完整的方法和步骤。它简单易学，设计周期短，规律性强，克服了经验法的试探性和随意性。

辅助继电器步进设计法的具体步骤如下：

（1）仔细分析控制要求，将每一个控制要求细化为若干个独立的不可再分的状态，按照动作的先后顺序，将状态一一串在一起，形成工作流程。

（2）程序的结构分为辅助继电器控制部分和结果输出两部分，辅助继电器部分控制状态的顺序，程序输出由相应状态的辅助继电器驱动输出继电器组成。

辅助继电器步进设计法有如下优点：

1）系统化设计，思路清晰、明确；

2）结构化设计，将梯形图分为辅助继电器状态控制和结果输出两部分，结构层次分明，可读性好；

3）每个状态的梯形图相似，便于检查、修改和调试；

4）简单易学，设计时间短，实用性强。

辅助继电器控制工序部分依据启停控制函数设计。

根据 Y—△降压启动控制的状态转移图，找出状态继电器控制进入、退出条件，写出状态继电器的控制函数表达式。

状态 M0.0 的进入条件是初始化脉冲 SM0.1 或在状态 M2.1 时按下停止按钮，退出条件是 M2.0 被激活；

状态 M2.0 的进入条件是在状态 M0.0 时按下启动按钮，退出条件是 M2.1 被激活；

状态 M2.1 的进入条件是在状态 M2.0 时 T37 定时时间到，退出条件是 M0.0 被激活；

根据 Y—△降压启动控制的状态转移图写出状态继电器逻辑控制函数为

$$M0.0 = (SM0.1 + M0.0 + M2.1 \cdot I0.2) \cdot \overline{M2.0}$$

$$M2.0 = (M0.0 \cdot I0.1 + M2.0) \cdot \overline{M2.1}$$

$$M2.1 = (M2.0 \cdot T37 + M2.1) \cdot \overline{M0.0}$$

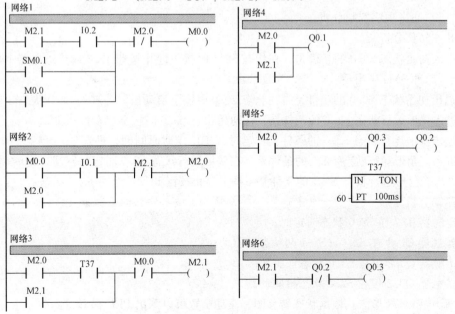

图 6-5 使用辅助继电器的步进控制梯形图

输出逻辑控制函数为

$$Q0.1 = M2.0 + M2.1$$
$$Q0.2 = M2.0 \cdot \overline{Q0.3}$$
$$Q0.3 = M2.1 \cdot \overline{Q0.2}$$
$$T37 = M2.0$$

根据上述控制函数编写的使用辅助继电器的步进控制梯形图如图 6-5 所示。

 技能训练

一、训练目标

（1）能够正确设计三相交流异步电动机的星—三角（Y—△）降压启动控制的 PLC 程序。

（2）能正确输入和传输 PLC 控制程序。

（3）能够独立完成三相交流异步电动机的星—三角（Y—△）降压启动控制线路的安装。

（4）按规定进行通电调试，出现故障时，能根据设计要求进行检修，并使系统正常工作。

二、训练步骤与内容

1. 输入 PLC 程序

（1）软元件分配

1）PLC 输入/输出端（I/O）分配见表 6-4。

2）其他软元件分配见表 6-5。

表 6-4　　PLC 输入/输出端（I/O）分配

输入		输出	
SB1	I0.1	KM1	Q0.1
SB2	I0.2	KM2	Q0.2
		KM3	Q0.3

表 6-5　　其他软元件分配

元件名称	软元件地址	作用
定时器	T37	定时
状态 0	S0.0	初始状态
状态 1	S2.0	星形运行状态
状态 2	S2.1	三角运行状态

（2）PLC 步进顺序控制分析。

1）状态转移分析

a）进入初始状态 S0.0 的条件是：在状态 S2.1 时按下停止按钮 I0.2 或热继电器 I0.3 动作，或者初始化脉冲 SM0.1 出现。

b）退出初始状态 S0.0 的条件是：在状态 S0.0 时按下启动按钮，进入 S2.0 状态。

c）进入星形运行状态 S2.0 的条件是：在初始状态 S0.0 时按下启动按钮 I0.1。

d）退出星形运行状态 S2.0 的条件是：定时器 T37 定时时间到，进入 S2.1 状态。

e）进入三角形运行状态 S2.1 的条件是：在星形运行状态 S2.0 时定时器 T37 定时时间到。

f）退出三角形运行状态 S2.1 的条件是：按下停止按钮 I0.2，返回 S0.0 状态。

2）驱动分析。

a）定时器 T37 在 S2.0 状态时定时；

b）接触器 Q0.1 在 S2.0、S2.1 两状态被驱动；

c）接触器 Q0.2 仅在 S2.0 状态被驱动；

d）接触器 Q0.3 仅在 S2.1 状态被驱动；

（3）画出 PLC 梯形图。根据状态转移图和驱动函数可以画出 PLC 梯形图。

（4）输入图 6-6 所示的初始状态 S0.0 控制程序。

（5）输入图 6-7 所示星形运行状态 S2.0 控制程序。

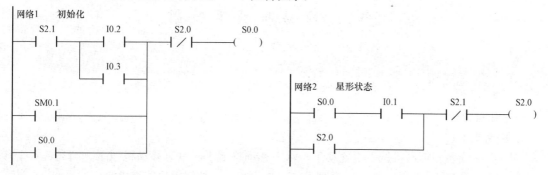

图 6-6 初始状态 S0.0 控制程序　　　　图 6-7 状态 S2.0 控制程序

（6）输入图 6-8 所示三角星形运行状态 S2.1 控制程序。

（7）输入图 6-9 所示的定时器 T37 和接触器 Q0.2 的控制程序。

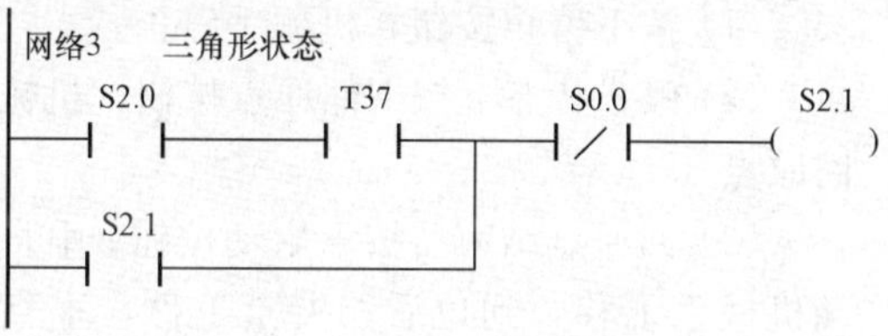

图 6-8 状态 S2.1 控制程序 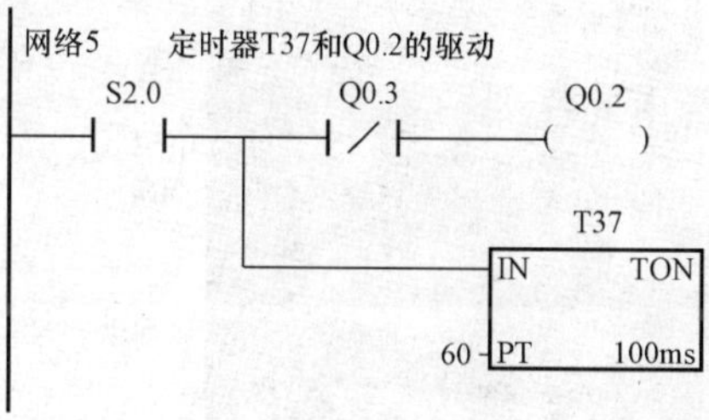　　　　图 6-9 驱动定时器 T37 和接触器 Q0.2 控制程序

（8）输入图 6-10 中的主控接触器 Q0.1 控制程序。

（9）输入图 6-11 所示的接触器 Q0.3 控制程序。

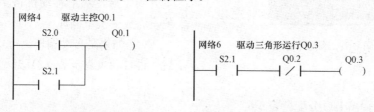

图 6-10 驱动 Q0.1 控制程序　　　　图 6-11 驱动 Q0.3 控制程序

2. 系统安装与调试

（1）主电路按图 4-21 所示的三相交流异步电动机的星—三角（Y—△）降压启动控制线路主电路接线。

（2）PLC 按图 4-22 所示的 PLC 接线图接线。

（3）将 PLC 控制程序下载到 PLC。

（4）使 PLC 处于连线运行状态。

（5）按下启动按钮 SB1，观察状态元件 S0.0、S2.0、S2.1 的状态，观察 PLC 的输出点 Q0.1、Q0.2，观察电动机的星形启动运行状况。

（6）等待 6s，观察状态元件 S0.0、S2.0、S2.1 的状态，观察 PLC 的输出点 Q0.1、Q0.3，观察电动机的三角形运行状况。

（7）按下停止按钮，观察状态元件 S0.0、S2.0、S2.1 的状态，观察 PLC 的输出点 Q0.1、Q0.2、Q0.3，观察电动机是否停止。

任务 10   简 易 机 械 手 控 制

  基础知识

一、任务分析

1. 控制要求

如图 6-12 所示，简易机械手由气动爪、水平移动机械手、垂直移动机械手、阀岛、水平移动限位开关、垂直限位开关、S7-200 系列 PLC、电源模块、按钮模块等组成。

垂直限位开关
水平移动限位开关
水平移动机械手
垂直移动机械手
气动爪
阀岛

按钮模块

S7-200系列PLC

电源模块

图 6-12   简易机械手

机械手的原点位置定义为：垂直移动机械手在垂直方向处于上端极限位；水平机械手处于右端极限位；气动爪处于放松状态。

对机械手的工作要求是：

（1）按下停止按钮，机械手停止。

（2）停止状态下按下回原点按钮，机械手回原点。

（3）回原点结束后按下启动按钮，垂直移动机械手下移，到位后，夹紧工件，垂直移动机械手上移；上移到位，水平移动机械手左移；左移到位，垂直移动机械手下降；下降到位，放松工件，垂直移动机械手上升；上升到位后，水平移动机械手右移，右移到位，完成一次单循环。

（4）如果是自动循环运行，以上流程结束后，再自动重复步骤（3）开始的流程。

2. 自动运行的状态转移图

PLC 输入、输出 I/O 分配见表 6-6。

表 6-6   **PLC 输入、输出 I/O 分配**

输　入		输　出		输　入		输　出	
按钮 1	I0.1	指标灯 1	Q0.1	开关 2	I0.5	电磁阀 3	Q0.5
按钮 2	I0.2	指标灯 2	Q0.2	开关 3	I0.6	电磁阀 4	Q0.6
按钮 3	I0.3	电磁阀 1	Q0.3	开关 4	I0.7	电磁阀 5	Q0.7
开关 1	I0.4	电磁阀 2	Q0.4	开关 5	I1.0		

其他软元件分配见表 6-7

表 6-7   **其他软元件分配表**

元件名称	软元件	作用	元件名称	软元件	作用
状态 0	S0.0	初始	状态 23	S2.3	左移
状态 1	S0.1	回原点	状态 24	S2.4	下降
状态 20	S2.0	下降	状态 25	S2.5	放松
状态 21	S2.1	夹紧	状态 26	S2.6	上升
状态 22	S2.2	上升	状态 27	S2.7	右移

任务 10

自动运行的状态转移图如图 6-13 所示。

二、用 PLC 控制简易机械手

1. 用置位、复位指令实现的状态转移控制

进入状态、状态转移使用置位指令，退出状态使用复位指令。

用置位、复位指令实现的状态转移控制的三步操作是：

（1）应用复位指令复位上一步状态；

（2）应用输出驱动指令驱动输出；

（3）转移条件满足时，应用置位指令转移到下一步。

如图 6-14 所示，进入状态 S2.5 时，首先使用复位指令复位上一步状态 S2.4；接着执行驱动输出指令复位 Q0.7，执行定时器指令 T38 定时 2s；T38 定时时间到，使用置位指令置位下一步状态，完成状态转移。

2. 避免双线圈输出

为了避免双线圈驱动，在步进程序中将多个状态要驱动输出的点放到步进程序之外，通过状态继电器驱动步进程序外的输出点。如图 6-15 所示，在 S2.0、S2.4 两状态下要驱动输出的点 Q0.5 放到步进程序外，由状态继电器 S2.0、S2.4 并联驱动。也可以在状态 S2.0 中驱动辅助继电器 A，在状态 S2.4 中驱动辅助继电器 B，在步进程序外，通过辅助继电器 A、B 的触点并联驱动输出点 Q0.5。

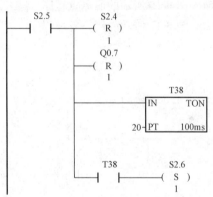

图 6-14 使用置位、复位指令的步进控制

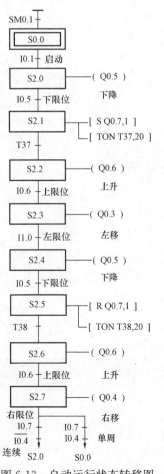

图 6-13 自动运行状态转移图

图 6-15 避免双线圈
输出的梯形图

任务 10

技能训练

一、训练目标

（1）能够正确设计简易机械手控制的 PLC 程序。

（2）能正确输入和传输 PLC 控制程序。

（3）能够独立完成简易机械手控制线路的安装。

（4）按规定进行通电调试，出现故障时，能根据设计要求进行检修，并使系统正常工作。

二、训练步骤与内容

1. 设计 PLC 程序

（1）分配 PLC 输入、输出端。

（2）配置 PLC 状态软元件。

（3）根据控制要求，画出机械手自动运行状态转移图。

（4）设计回原点程序。

（5）设计停止复位程序。

2. 输入 PLC 程序

（1）输入图 6-16 所示的回原点程序。

（2）输入图 6-17 所示的停止复位程序

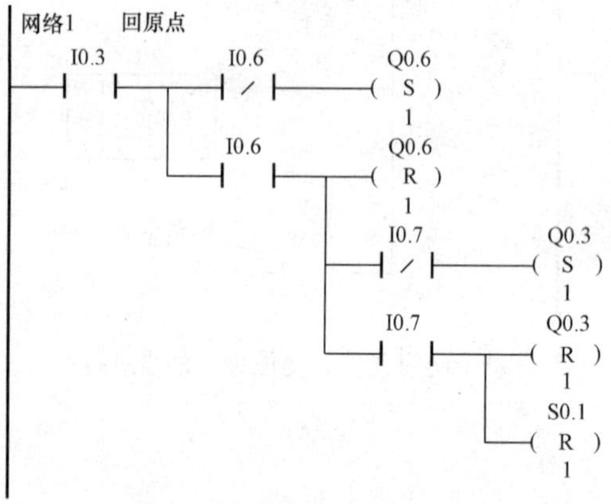

图 6-16　回原点程序

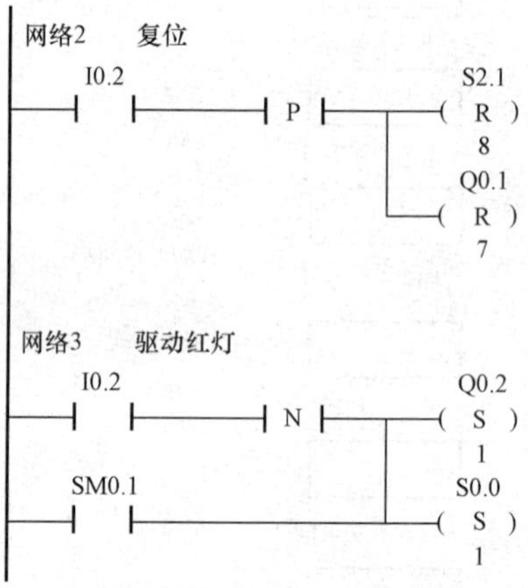

图 6-17　停止复位程序

（3）输入图 6-18 所示的状态 S0.0 的程序。

（4）输入图 6-19 所示的状态 S2.0 的程序。

（5）输入图 6-20 所示的状态 S2.1 的程序。

（6）输入图 6-21 所示的状态 S2.2 的程序。

（7）输入图 6-22 所示的状态 S2.3 的程序。

（8）输入图 6-23 所示的状态 S2.4 的程序。

（9）输入图 6-24 所示的状态 S2.5 的程序。

（10）输入图 6-25 所示的状态 S2.6 的程序。

（11）输入图 6-26 所示的状态 S2.7 的程序。

任务 10

（12）输入图 6-27 所示的 Q0.5、Q0.6 的驱动程序。

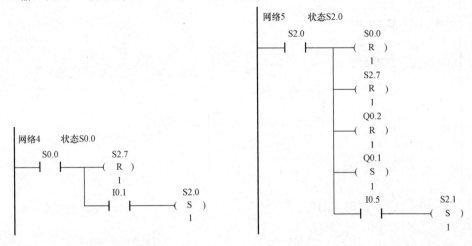

图 6-18　状态 S0.0 的程序　　　　图 6-19　状态 S2.0 的程序

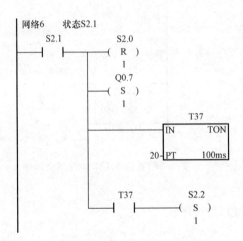

图 6-20　状态 S2.1 的程序

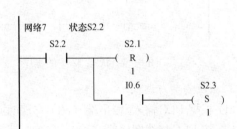

图 6-21　状态 S2.2 的程序

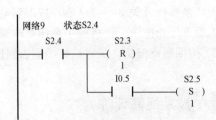

图 6-22　状态 S2.3 的程序　　　　图 6-23　状态 S2.4 的程序

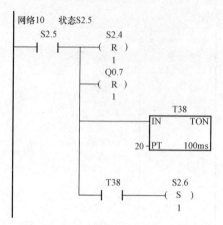

图 6-24　状态 S2.5 的程序

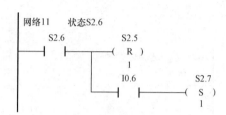

图 6-25　状态 S2.6 的程序

图 6-26　状态 S2.7 的程序　　　　图 6-27　Q0.5、Q0.6 的驱动程序

3. 系统安装与调试

（1）根据 PLC 输入/输出端（I/O）分配画出 PLC 接线图。

（2）按 PLC 接线图接线。

（3）将 PLC 程序下载到 PLC。

（4）使 PLC 处于运行状态。

（5）按下停止按钮，观察状态元件 S2.0~S2.7 的状态，观察 PLC 的所有输出点的状态。

（6）按下回原点按钮，观察机械手回原点的运行过程。

（7）按下启动按钮 SB1，观察自动运行状态的变化，观察 PLC 的所有输出点的变化。

（8）切换选择开关 I0.4 为 ON，按下启动按钮，观察单周运行状态变化。

（9）按下停止按钮，让机械手在任意位置停止。

（10）按回原点按钮，观察机械手能否回原点。

 技能提高训练

1. 三轴机械手控制

如图 6-28 所示，三轴机械手控制由前后移动机械手、水平移动机械手、垂直移动机械手、阀岛、水平移动限位开关、垂直限位开关、气动爪、S7-200 系列 PLC、电源模块、按钮模块等组成。

机械手原点位置定义为：前后移动机械手处于后端极限位；垂直移动机械手在垂直方向处于下端极限位；水平旋转机械手处于右限位；气动爪处于放松状态。

对三轴机械手控制要求如下：

（1）按下停止按钮，系统停止。

（2）停止状态下按下回原点按钮，系统回原点。

（3）回原点结束后按下启动按钮，前后移动机械手伸出；伸出到位，垂直移动机械手下移；下移到位后夹紧工件，垂直移动机械手上移；上移到位，前后移动机械手缩回；缩回到位，水平移动机械手左移；左移到位，机械手伸出；伸出到位，垂直移动机械手下降；下降到位，放松工件，垂直移动机械手上升；上升到位后，前后移动机械手缩回；缩回到位，水平移动机械手右移，右移到位，完成一次单循环。

（4）如果是自动循环运行，以上流程结束后，再自动重复步骤（3）开始的流程。

根据上述控制要求，设计 PLC 程序，并上机调试，完成三轴机械手控制任务。

2. 手指旋转机械手控制

如图 6-29 所示，手指旋转机械手由前后移动机械手、手指夹持、旋转控制系统、垂直升降移动机械手、阀岛、前后移动限位开关、垂直限位开关、正反转限位开关、气动爪、ST-200 系列 PLC、电源模块、按钮模块等组成。

图 6-28 三轴机械手　　　　图 6-29 手指旋转机械手

机械手原点位置定义为：前后移动机械手处于后端极限位；垂直移动机械手在垂直方向处于下端极限位；水平旋转机械手处于反转极限位；气动爪处于放松状态。

对手指旋转机械手控制要求如下：

（1）按下停止按钮，系统停止。

（2）按下回原点按钮，系统回原点。

（3）回原点结束后按下启动按钮，垂直移动机械手上升；上升到位，水平移动机械手伸出；伸出到位，垂直移动机械手垂直下移；下移到位后夹紧工件，手指正转；正转到位，垂直移动机械手上移；上移到位，水平移动机械手缩回；缩回到位，垂直移动机械手下降；下降到位，手指反转；反转到位，放松工件，完成一次单循环。

（4）如果是自动循环运行，以上流程结束后，再自动重复步骤（3）开始的流程。

根据上述控制要求，设计 PLC 程序，并上机调试，完成手指旋转机械手控制任务。

项目七 交通灯控制

学习目标

(1) 学会用 PLC 定时器实现交通灯控制。

(2) 学会使用西门子 PLC 的步进顺控指令。

(3) 学会输入、编辑西门子 PLC 的顺控功能图程序。

(4) 学会用 PLC 定时器、计数器实现交通灯控制。

任务 11 定时控制交通灯

基础知识

一、任务分析

1. 控制要求

交通信号灯控制系统示意图如图 7-1 所示。

(1) 按下启动按钮，交通信号灯控制系统开始周而复始循环工作。

(2) 交通信号灯控制系统的控制要求时序图如图 7-2 所示。

(3) 按下停止按钮，系统停止工作。

2. 控制要求分析

交通信号灯控制系统是一个时间顺序控制系统，可以采用定时器指令进行编程控制。

设置 10 个定时器控制交通信号灯，定时器 T41～T46 的工作时序如图 7-3 所示。

绿灯 1 闪烁使用定时器 T47、T48 控制。

绿灯 2 闪烁使用定时器 T49、T50 控制。

二、PLC 控制

1. 控制函数

(1) PLC 输入、输出 I/O 分配见表 7-1。

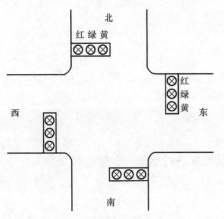

图 7-1 控制交通灯示意图

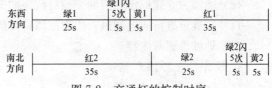

图 7-2 交通灯的控制时序

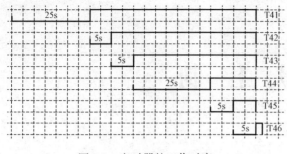

图 7-3 定时器的工作时序

表 7-1 PLC 输入、输出 I/O 分配

输	入	输	出
按钮 1	I0.1	绿灯 1	Q0.1
按钮 2	I0.2	黄灯 1	Q0.2
		红灯 1	Q0.3
		绿灯 2	Q0.4
		黄灯 2	Q0.5
		红灯 2	Q0.6

（2）其他软元件分配见表 7-2。

表 7-2　　　　　　　　　　　　　其他软元件分配

元件名称	软元件	作　用	元件名称	软元件	作　用
辅助继电器	M0.1	系统控制	定时器 6	T46	定时
定时器 1	T41	定时	定时器 7	T47	定时
定时器 2	T42	定时	定时器 8	T48	定时
定时器 3	T43	定时	定时器 8	T49	定时
定时器 4	T44	定时	定时器 10	T50	定时
定时器 5	T45	定时			

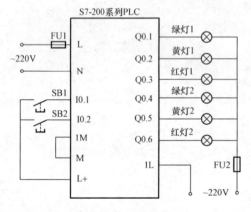

图 7-4 PLC 接线图

（3）控制函数如下：

$$M0.1 = (I0.1 + M0.1) \cdot \overline{I0.2}$$

$$Q0.1 = M0.1 \cdot \overline{T41} + T41 \cdot \overline{T42} \cdot T47$$

$$Q0.2 = T42 \cdot \overline{T43}$$

$$Q0.3 = T43$$

$$Q0.4 = T43 \cdot \overline{T44} + T44 \cdot \overline{T45} \cdot T49$$

$$Q0.5 = T45 \cdot \overline{T46}$$

$$Q0.6 = M0.1 \cdot \overline{T43}$$

2. PLC 接线图

PLC 接线图如图 7-4 所示。

技能训练

一、训练目标

（1）能够正确设计定时控制交通灯的 PLC 程序。

（2）能正确输入和传输 PLC 控制程序。

（3）能够独立完成定时控制交通灯线路的安装。

（4）按规定进行通电调试，出现故障时，能根据设计要求进行检修，并使系统正常工作。

二、训练步骤与内容

1. 设计、输入 PLC 程序

（1）分配 PLC 输入、输出端。

任务 11

（2）配置 PLC 定时器软元件。

（3）输入图 7-5 所示的系统启停控制程序。

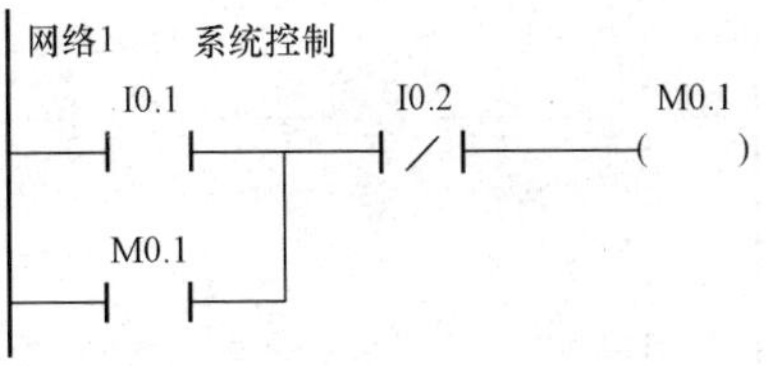

（4）输入图 7-6 所示的定时器 T41～T50 控制程序。各定时器的定时控制条件如下：

定时器 T41 的定时控制条件：$M0.1 \cdot \overline{T46}$。

定时器 T42 的定时控制条件：T41。

定时器 T43 的定时控制条件：T42。

定时器 T44 的定时控制条件：T43。

定时器 T45 的定时控制条件：T44。

定时器 T46 的定时控制条件：T45。

定时器 T47 的定时控制条件：$T41 \cdot \overline{T48}$。

定时器 T48 的定时控制条件：$T41 \cdot \overline{T48} \cdot T47$。

定时器 T49 的定时控制条件：$T44 \cdot \overline{T50}$。

定时器 T50 的定时控制条件：$T44 \cdot \overline{T50} \cdot T49$。

（5）输入图 7-7 所示的灯控制程序。

各交通灯的控制函数如下：

绿灯 1 控制函数：$Q0.1 = M0.1 \cdot \overline{T41} + T41 \cdot \overline{T42} \cdot T47$

黄灯 1 控制函数：$Q0.2 = T42 \cdot \overline{T43}$

图 7-5 系统启停控制程序

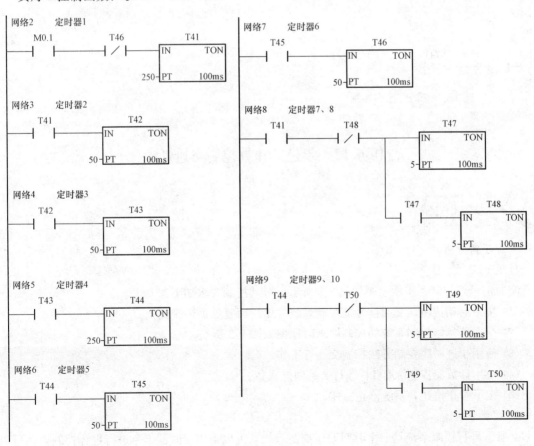

图 7-6 定时器控制程序

119

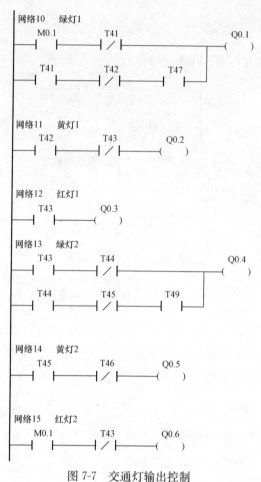

图 7-7　交通灯输出控制

红灯 1 控制函数：$Q0.3 = T43$

绿灯 2 控制函数：$Q0.4 = T43 \cdot \overline{T44} + T44 \cdot \overline{T45} \cdot T49$

黄灯 2 控制函数：$Q0.5 = T45 \cdot \overline{T46}$

红灯 2 控制函数：$Q0.6 = M0.1 \cdot \overline{T43}$

2. 系统安装与调试

（1）PLC 按图 7-4 所示的 PLC 接线图接线。

（2）将 PLC 程序下载到 PLC。

（3）使 PLC 处于运行状态。

（4）按下启动按钮 SB1，观察 PLC 的输出点 Q0.1～Q0.6 的状态变化。

（5）观察所有定时器的变化，记录各灯点亮的时间，绿灯闪烁的时间。

（6）按下停止按钮，观察 PLC 的输出点 Q0.1～Q0.6 的状态，观察所有定时器的计时值，观察交通灯的变化。

任务 12　步进、计数控制交通灯

 基础知识

一、任务分析

1. 控制要求

交通信号灯控制系统示意图如图 7-1 所示，对其控制要求如下：

（1）按下启动按钮，交通信号灯控制系统开始周而复始循环工作。

（2）交通信号灯控制系统的控制要求时序图如图 7-2 所示。

（3）使用步进顺序控制方法控制交通灯工作。

（4）使用计数器控制绿灯 1、绿灯 2 的闪烁次数。

（5）按下停止按钮，系统停止工作。

2. 控制分析

交通信号灯控制系统是一个时间顺序控制系统，可以采用定时器指令进行编程控制，还可以使用步进顺序控制方法进行控制。

根据控制要求，可以画出图 7-8 所示的步进、计数控制交通灯的状态转移图。

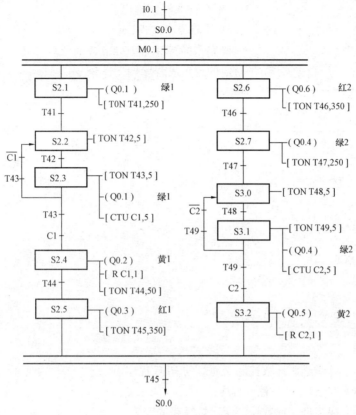

图 7-8　步进、计数控制状态转移图

二、PLC 步进顺控指令

1. S7-200 系列 PLC 的状态元件

状态元件是构成状态流程图的基本元素，S7-200 系列 PLC 共有 256 个状态元件，其编号为 S0.0~S31.7。

2. 步进顺控指令

运用步进顺控指令可以将顺序功能图转化为控制程序，S7-200 系列 PLC 中的步进顺控指令专门用于编制步进顺序控制程序。步进顺序控制程序被步进顺控指令划分为 LSCR 与 SCRE 指令之间的若干个 SCR 步进顺控段，一个 SCR 段对应步进顺控功能图中的一步。

装载步进顺控指令 LSCR n 用来表示一个 SCR 段即步进顺控状态的开始。指令中的操作数 n 为步进顺控继电器 S（BOOL 型）的地址，步进顺控状态为 "ON" 状态时，对应的 SCR 段中的程序被执行，反之则不被执行。

步进顺控结束指令 SCRE 用来表示 SCR 段的结束。

步进顺控状态转移指令 SCRT n 用来表示 SCR 段之间的转换，即活动状态的转换。当 SCRT 线圈 "得电" 时，SCRT 中指定的顺序功能图中的后续部对应的步进顺控状态 n 变为 "ON" 状态，同时当前活动状态 n-1 对应的步进顺控状态变为 "OFF" 状态。

使用 SCR 时有如下限制：

1）不能在不同的程序中使用相同的 Sn 位；

2）不能在 SCR 段中使用 JMP 及 LBL 指令，即不允许用跳转的方法跳入或跳出 SCR 段；

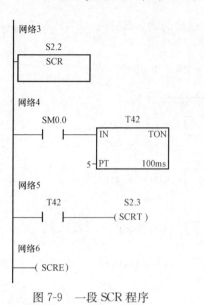

图 7-9 一段 SCR 程序

3）不能在 SCR 段中使用 FOR、NEXT 和 END 指令；

4）不允许双线圈输出。

3. 步进顺控程序设计

一段完整的 SCR 程序如图 7-9 所示。

对应的指令表程序如下：

```
Network 3
LSCR S2.2
Network 4
LD SM0.0
TON T42, 5
Network 5
LD T42
SCRT S2.3
Network 6
SCRE
```

 技能训练

一、训练目标

（1）能够正确设计步进、计数控制交通灯的 PLC 程序。

（2）能正确输入和下载 PLC 控制程序。

（3）能够独立完成步进、计数控制交通灯线路的安装。

（4）按规定进行通电调试，出现故障时，能根据设计要求进行检修，并使系统正常工作。

二、训练步骤与内容

1. 设计 PLC 程序

（1）PLC 输入/输出端（I/O）分配见表 7-3。

表 7-3   PLC 输入/输出端（I/O）分配

输 入		输 出	
按钮 1	I0.1	绿灯 1	Q0.1
按钮 2	I0.2	黄灯 1	Q0.2
		红灯 1	Q0.3
		绿灯 2	Q0.4
		黄灯 2	Q0.5
		红灯 2	Q0.6

（2）PLC 其他软元件分配见表 7-4。

表 7-4   PLC 其他软元件分配

元件名称	符 号	作 用	元件名称	符 号	作 用
初始状态	S0.0	状态准备	状态 2.2	S2.2	绿灯 1 熄灭
状态 2.0	S2.0	自动运行	状态 2.3	S2.3	绿灯闪烁
状态 2.1	S2.1	绿灯 1 控制	状态 2.4	S2.4	黄灯 1 控制

任务
12

续表

元件名称	符号	作用	元件名称	符号	作用
状态 2.5	S2.5	红灯 1 控制	定时器 4	T44	定时
状态 2.6	S2.6	红灯 2 控制	定时器 5	T45	定时
状态 2.7	S2.7	绿灯 2 控制	定时器 6	T46	定时
状态 3.0	S3.0	绿灯 2 熄灭	定时器 7	T47	定时
状态 3.1	S3.1	绿灯 2 闪烁	定时器 8	T48	定时
状态 3.2	S3.2	黄灯 2 控制	定时器 9	T49	定时
定时器 1	T41	定时	计数器 1	C1	计数
定时器 2	T42	定时	计数器 2	C2	计数
定时器 3	T43	定时			

（3）根据交通灯的步进、计数控制要求设计交通灯状态转移图。

（4）根据交通灯状态转移图画出 PLC 梯形图。

2. 输入 PLC 程序

（1）启动 STEP 7-Micro/WIN 编程软件。

（2）创建新项目，并另存为"交通灯"。

（3）如图 7-10 所示，点击执行"查看"菜单下的"STL"子菜单命令，编辑器切换到语句指令表编程界面。

（4）在语句指令表编程界面，在各网络段，分别输入各网络段的控制程序：

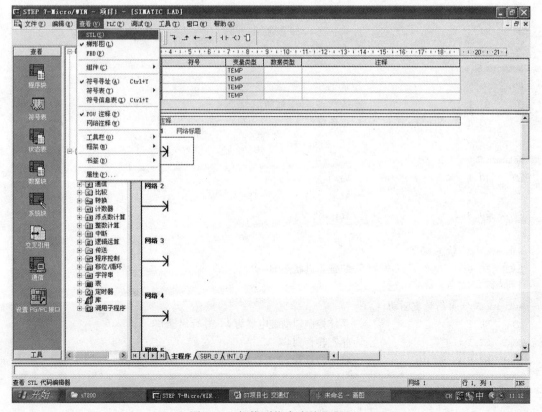

图 7-10　切换到指令表编程界面

123

TITLE = 步进、计数控制交通灯

Network 1//系统控制

```
LD      I0.1            //启动
O       M0.1            //系统控制辅助继电器
AN      I0.2            //停止
=       M0.1            //系统控制辅助继电器
```

Network 2//状态复位

```
LD      I0.2
R       S2.0, 10
```

Network 3//计数器 1 控制

//网络注释

```
LD      S2.3            //计数脉冲 1 输入
LD      S2.4            //计数器 1 复位脉冲
O       I0.2
CTU     C1, 5           //驱动增计数器 1
```

Network 4 // 计数器 2 控制

// 网络注释

```
LD      S3.1            //计数脉冲 2 输入
LD      S3.2            //计数器 2 复位脉冲
O       I0.2
CTU     C2, 5           //驱动增计数器 2
```

Network 5

```
LD      S2.1            //状态 S2.1 被激活
O       S2.3            //或状态 S2.3 被激活
=       Q0.1            //点亮绿灯 1
```

Network 6

```
LD      S2.7            //状态 S2.7 被激活
O       S3.1            //或状态 S3.1 被激活
=       Q0.4            //点亮绿灯 2
```

Network 7

```
LD      I0.1            //启动
EU                      //取上升沿
S       S0.0, 1         //置位 S0.0
```

Network 8 // 状态 S0.0

```
LSCR    S0.0            //装载步进状态 S0.0
```

Network 9 // 并行分支驱动

```
LD      M0.1            //系统控制辅助继电器为 1, 并行启动 S2.1、S2.6
SCRT    S2.1            //状态转移到 S2.1
SCRT    S2.6            //状态转移到 S2.6
```

Network 10

```
SCRE                    //步进状态 S0.0 结束
```

Network 11 // 状态 S2.1
LSCR　S2.1　　　　　　　　　//装载步进状态 S2.1

Network 12
LD　　SM0.0
TON　T41，250　　　　　　　//定时 25s

Network 13 // 定时器 T41 定时到，状态转移到 S2.2
LD　　T41
SCRT　S2.2

Network 14
SCRE　　　　　　　　　　　//步进状态 S2.1 结束

Network 15 // 状态 S2.2
LSCR　S2.2　　　　　　　　　//装载步进状态 S2.2

Network 16
LD　　SM0.0
TON　T42，5　　　　　　　//T42 定时 0.5s

Network 17 // 定时器 T42 定时到，状态转移到 S2.3
LD　　T42
SCRT　S2.3

Network 18
SCRE　　　　　　　　　　　//步进状态 S2.2 结束

Network 19 // 状态 S2.3
LSCR　S2.3　　　　　　　　　//装载步进状态 S2.3

Network 20
LD　　SM0.0
TON　T43，5　　　　　　　//T43 定时 0.5s

Network 21 // 计数器 1 选择控制
LD　　T43
LPS
AN　　C1
SCRT　S2.1　　　　　　　//计数器 1 当前值小于 5，状态转移到 S2.1
LPP
A　　　C1
SCRT　S2.4　　　　　　　//计数器 1 当前值等于 5，状态转移到 S2.4

Network 22
SCRE　　　　　　　　　　　//步进状态 S2.3 结束

任务
12

Network 23 // 状态 S2. 4

LSCR　　S2. 4　　　　　　　　　　//装载步进状态 S2. 4

Network 24

LD　　　SM0. 0

TON　　T44，50　　　　　　　　//T44 定时 5s

=　　　　Q0. 2

Network 25 // 定时器 T43 定时到，状态转移到 S2. 5

LD　　　T44

SCRT　　S2. 5

Network 26

SCRE　　　　　　　　　　　　　//步进状态 S2. 4 结束

Network 27 // 状态 S2. 5

LSCR　　S2. 5　　　　　　　　　　//装载步进状态 S2. 5

Network 28

LD　　　SM0. 0

=　　　　Q0. 3　　　　　　　　　//点亮红灯 1

TON　　T45，350　　　　　　　//T45 定时 35s

Network 29 // 定时器 T45 定时到，状态转移到 S0. 0

LD　　　S3. 2

A　　　　T45

SCRT　　S0. 0

Network 30

SCRE　　　　　　　　　　　　　//步进状态 S2. 5 结束

Network 31 // 状态 S2. 6

LSCR　　S2. 6　　　　　　　　　　//装载步进状态 S2. 6

Network 32

LD　　　SM0. 0

=　　　　Q0. 6　　　　　　　　　//点亮红灯 2

TON　　T46，350　　　　　　　//T46 定时 35s

Network 33 // 定时器 T46 定时到，状态转移到 S2. 7

LD　　　T46

SCRT　　S2. 7

Network 34

SCRE　　　　　　　　　　　　　//步进状态 S2. 6 结束

Network 35 // 状态 S2. 7

LSCR　S2.7　　　　　　　　//装载步进状态 S2.7

Network 36
LD　　SM0.0
TON　 T47, 250　　　　　　//T47 定时 25s

Network 37 // 定时器 T47 定时到，状态转移到 S3.0
LD　　T47
SCRT　S3.0

Network 38
SCRE　　　　　　　　　　 //步进状态 S2.7 结束

Network 39 // 状态 S3.0
LSCR　S3.0　　　　　　　　//装载步进状态 S3.0

Network 40
LD　　SM0.0
TON　 T48, 5　　　　　　　//T48 定时 0.5s

Network 41 // 定时器 T48 定时到，状态转移到 S3.1
LD　　T48
SCRT　S3.1

Network 42
SCRE　　　　　　　　　　 //步进状态 S3.0 结束

Network 43 // 状态 S3.1
LSCR　S3.1　　　　　　　　//装载步进状态 S3.1

Network 44
LD　　SM0.0
TON　 T49, 5　　　　　　　//T49 定时 0.5s

Network 45 // 计数器 2 选择控制
LD　　T49
LPS
AN　　C2
SCRT　S3.0　　　　　　　//计数器 2 当前值小于 5，状态转移到 S3.0
LPP
A　　 C2
SCRT　S3.2　　　　　　　//计数器 2 当前值等于 5，状态转移到 S3.2

Network 46
SCRE　　　　　　　　　　 //步进状态 S3.1 结束

Network 47 // 状态 S3.2

任务
12

```
LSCR    S3.2                    //装载步进状态 S3.2

Network 48
LD      SM0.0
=       Q0.5                    //点亮黄灯 2

Network 49
LD      S2.5                    //取 S2.5 状态
A       T45                     //与 T45
SCRT    S0.0                    //并行转移到 S0.0

Network 50
SCRE                            //步进状态 S3.2 结束
```

（5）如图 7-11 所示，点击执行"PLC"菜单下的"全部编译"子菜单命令，编译程序。

（6）仔细查看交通灯控制的步进状态转移图和指令语句程序，寻找其中的对应关系，学习使用根据步进状态转移图写出指令语句表程序。这是一项 PLC 程序设计的重要技能。

（7）仔细查看交通灯控制的语句指令表程序和步进转移图，寻找其中的对应关系，学习根据语句指令表程序画出步进转移图。这也是一项 PLC 程序设计的重要技能。

3. 系统安装与调试

（1）PLC 按图 7-4 所示的 PLC 接线图接线。

（2）将交通灯控制程序下载到 PLC。

（3）使 PLC 处于运行状态。

（4）按下启动按钮 SB1，观察 PLC 的输出点 Q0.1～Q0.6 的状态变化。

（5）观察所有定时器的变化，记录各灯点亮的时间，绿灯闪烁的时间、闪烁次数。

（6）按下停止按钮，观察 PLC 的输出点 Q0.1～Q0.6 的状态，观察所有定时器的计时值，观察交通灯的变化。

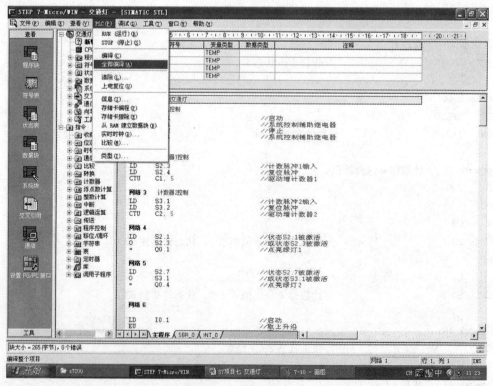

图 7-11　编译程序

技能提高训练

1. 城市交通灯如图 7-12 所示，各交通灯的控制时序如图 7-13 所示，根据交通灯的控制时序要求，设计城市交通灯自动运行的步进状态转移图。

2. 使用 S7-200 系列 PLC 实现城市交通灯控制。根据交通灯的控制时序要求，设计城市交通灯自动运行的步进状态转移图。根据城市交通灯的自动运行的步进状态转移图写出城市交通灯控制的指令语句表程序。

3. 使用矩形 V80 系列 PLC 实现城市交通灯控制，设计梯形图控制程序。

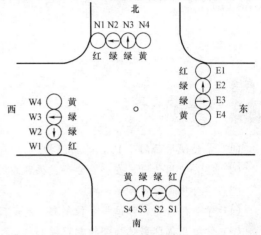

图 7-12 城市交通灯

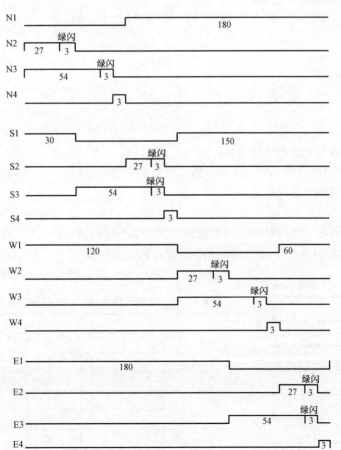

图 7-13 城市交通灯时序

项目八 彩灯控制

学习目标

(1) 学会使用西门子 PLC 的功能指令。

(2) 学会使用传送、左移、右移、循环左移、循环右移指令。

(3) 学会用定时器控制彩灯。

(4) 学会用传送、移位指令控制彩灯。

(5) 学会用循环移位指令控制花样彩灯。

任务13 简易彩灯控制

基础知识

一、任务分析

1. 控制要求

(1) 按下启动按钮，控制系统启动。

(2) 8 只彩灯按图 8-1 所示时序工作，依次点亮 1s，循环运行。

(3) 按下停止按钮，系统停止。

2. 控制分析

8 只彩灯逐个点亮，可以使用定时器控制。设置 8 个定时器 T1~T8，前一个定时器作为后一个定时器的定时控制条件，T8 定时时间到，复位所有定时器。

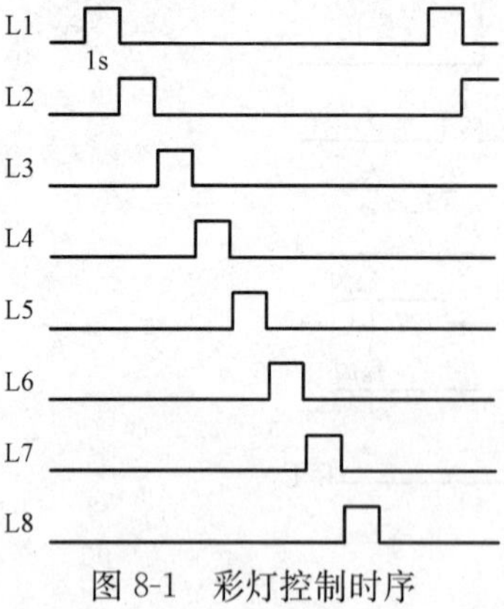

(1) PLC 输入/输出端 (I/O) 分配见表 8-1。

表 8-1　　　　PLC 输入/输出端 (I/O) 分配

输　入		输　出	
按钮 1	I0.1	彩灯 1	Q0.0
按钮 2	I0.2	彩灯 2	Q0.1
		彩灯 3	Q0.2
		彩灯 4	Q0.3
		彩灯 5	Q0.4
		彩灯 6	Q0.5
		彩灯 7	Q06
		彩灯 8	Q0.7

图 8-1　彩灯控制时序

（2）PLC 辅助继电器、定时器分配见表 8-2。

表 8-2   PLC 辅助继电器、定时器分配

元件名称	符号	作用	元件名称	符号	作用
辅助继电器	M1	系统运行	定时器 5	T45	定时
定时器 1	T41	定时	定时器 6	T46	定时
定时器 2	T42	定时	定时器 7	T47	定时
定时器 3	T43	定时	定时器 8	T48	定时
定时器 4	T44	定时			

8 只彩灯的控制函数如下：

$$Q0.0 = M0.1 \cdot \overline{T41}$$
$$Q0.1 = T41 \cdot \overline{T42}$$
$$Q0.2 = T42 \cdot \overline{T43}$$
$$Q0.3 = T43 \cdot \overline{T44}$$
$$Q0.4 = T44 \cdot \overline{T45}$$
$$Q0.5 = T45 \cdot \overline{T46}$$
$$Q0.6 = T46 \cdot \overline{T47}$$
$$Q0.7 = T47 \cdot \overline{T48}$$

二、PLC 的功能指令

（一）S7-200 系列 PLC 的功能指令

S7-200 系列 PLC 除了基本指令、步进指令外，还有许多功能指令（Functional Instruction）或称为应用指令（Applied Instruction）。S7-200 系列 PLC 的功能指令可分为程序控制、传送、比较、转换、整数计算、逻辑运算、移位循环、浮点数计算、时钟、通信、表数据处理、字符串处理等。S7-200 系列 PLC 功能指令格式采用指令助记符＋操作数（元件）的形式，具有计算机及PLC 基础知识的技术人员很容易就能明白其功能。

图 8-2 中，使能端 EN 连接的是数据传送的条件，数据输入端 IN 连接数据来源（源操作数），数据输出端给出数据传送的目标地址（目标操作数）。图 8-2 程序表示，在 I0.0 为"ON"时，将 VB0 中的数据传送到 QB0 中。

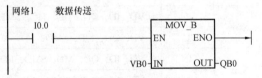

图 8-2 数据传送

（二）彩灯控制用功能指令

1. 传送指令

传送指令用于各个编程元件之间的数据传送，根据传送数据数量，分为单数据传送和数据块传送两种。

单数据传送指令每次传送一个数据，根据传送数据的长度，又分为字节传送、字传送、双字传送和实数传送。单数据传送指令名称、梯形图符号、助记符、作用见表 8-3。

块传送指令一次可传送多个数据，最多可传送 255 个数据组成的数据块。块传送指令根据数据块的类型分为字节块传送、字块传送、双字块传送指令，分别用指令 BMB、BMW、BMD 表示。

任务
13

传送指令数据的寻址范围见表8-4。

表 8-3 单 数 据 传 送 指 令

指令名称	梯形图符号	助记符	作 用
MOV_B	MOV_B EN ENO IN OUT	MOVB IN, OUT	当使能端 EN 有效时,将无符号的单字节数据 IN 传送到 OUT 中
MOV_W	MOV_W EN ENO IN OUT	MOVW IN, OUT	当使能端 EN 有效时,将无符号的单字数据 IN 传送到 OUT 中
MOV_DW	MOV_DW EN ENO IN OUT	MOVDW IN, OUT	当使能端 EN 有效时,将有符号的双字数据 IN 传送到 OUT 中
MOV_R	MOV_R EN ENO IN OUT	MOVR IN, OUT	当使能端 EN 有效时,将实数数据 IN 传送到 OUT 中

表 8-4 传送指令数据的寻址范围

数据类型	操作数	寻 址 范 围
字节	IN	VB、IB、QB、MB、SB、SMB、LB、AC、＊AC、＊LD、＊VD、常数
	OUT	VB、QB、MB、SB、SMB、LB、AC、＊AC、＊LD、＊VD、常数
字	IN	VW、IW、QW、MW、SW、SMW、LW、AC、＊AC、＊LD、＊VD、T、C、常数
	OUT	VW、QW、MW、SW、SMW、LW、AC、＊AC、＊LD、＊VD、T、C、常数
双字	IN	VD、ID、QD、MD、HC、SMD、LD、AC、＊AC、＊LD、＊VD、常数
	OUT	VD、QD、MD、SMD、LD、AC、＊AC、＊LD、＊VD、常数
实数	IN	VD、ID、QD、MD、SMD、LD、HC、AC、＊AC、＊LD、＊VD、常数
	OUT	VD、QD、MD、SMD、LD、AC、＊AC、＊LD、＊VD、常数

在 S7-200PLC 中,可用的数据类型有 BOOL(位)、BYTE(8 位的字节)、WORD(16 位的字)、DWORD(32 位的双字)、DINT(32 位有符号数——双整数)、REAL(32 位实数)、STRING(字符串)和常数。

常数可以是二进制数(如 2♯1100101011100101)、十进制数(如 356)、十六进制数(如 16♯AFB2)、ASCII 码(如"1a2c")。

8 位字节型数据、16 位字型数据、32 位双字数据、32 位实数数据中的 ＊AC、＊LD、＊VD 表示以指针形式的间接寻址地址,称为间接地址。

2. 移位指令

移位指令用于数据移位处理。根据移位方向分为左移和右移指令;根据移位数据的长度分为字节移位指令、字移位指令和双字移位指令。移位指令名称、梯形图符号、助记符、指令作用见表 8-5。

表 8-5   移 位 指 令

指令名称	梯形图符号	助记符	作　　用
字节左移	SHL_B　EN　ENO　IN　OUT　N	SLB OUT, N	当使能端 EN 有效时,将字节型输入数据 IN 左移 N 位后,送 OUT 指定数据单元
字节右移	SHR_B　EN　ENO　IN　OUT　N	SRB OUT, N	当使能端 EN 有效时,将字节型输入数据 IN 右移 N 位后,送 OUT 指定数据单元
字左移	SHL_W　EN　ENO　IN　OUT　N	SLW OUT, N	当使能端 EN 有效时,将字型输入数据 IN 左移 N 位后,送 OUT 指定数据单元
字右移	SHR_W　EN　ENO　IN　OUT　N	SRW OUT, N	当使能端 EN 有效时,将字型输入数据 IN 右移 N 位后,送 OUT 指定数据单元
双字左移	SHL_DW　EN　ENO　IN　OUT　N	SLD OUT, N	当使能端 EN 有效时,将双字型输入数据 IN 左移 N 位后,送 OUT 指定数据单元
双字右移	SHR_DW　EN　ENO　IN　OUT　N	SRD OUT, N	当使能端 EN 有效时,将双字型输入数据 IN 右移 N 位后,送 OUT 指定数据单元

使用移位指令时应注意:

(1) 被移位的数据必须是无符号的数据。

(2) 移位次数是字节型数据。

(3) 移位次数 N 与数据长度有关,N 小于数据长度时,则执行 N 次移位;N 大于数据长度时,实际移位次数等于数据长度。

(4) 移位过程中,存放被移位数据的软元件输出端与 SM1.1 连接,移出位进入 SM1.1,另一端自动补 0。

任务 13

3. 循环移位指令

循环移位指令用于数据的循环移位。根据移位数据的长度，可分为字节循环移位指令、字循环移位指令和双字循环移位指令；根据移位数据方向不同，分为左、右循环移位指令。

循环移位指令包括字节循环左移指令 RLB、字循环左移指令 RLW、双字循环左移指令 RLD，字节循环右移指令 RRB、字循环右移指令 RRW、双字循环右移指令 RRD。

使用循环移位指令时应注意：

（1）被移位的数据必须是无符号的数据。

（2）移位次数是字节型数据。

（3）移位过程中，存放被移位数据的软元件移出端既与数据的另一端连接，同时又与 SM1.1 相连。移出位在进入另一端的同时，也进入 SM1.1。

（4）移位次数 N 与数据长度有关。N 小于数据长度时，则执行 N 次移位；N 大于数据长度时，实际移位次数等于 N 除以实际数据长度的余数。

三、PLC 控制彩灯

1. PLC 输入/输出端（I/O）分配

PLC 输入/输出端（I/O）分配见表 8-1。

2. PLC 接线图

PLC 接线图如图 8-3 所示。

3. 使用功能指令的彩灯控制程序

使用功能指令的彩灯控制程序如图 8-4 所示。

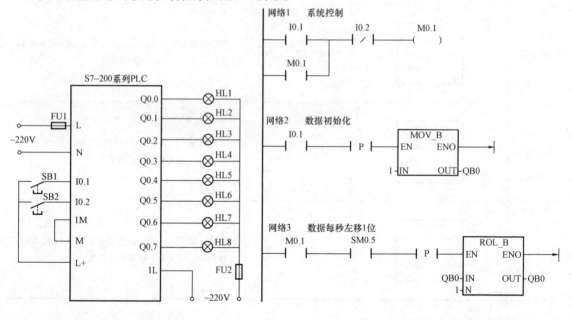

图 8-3　PLC 接线图　　　　　图 8-4　使用功能指令的彩灯控制程序

技能训练

一、训练目标

（1）能够正确设计简易彩灯控制的 PLC 程序。

（2）能正确输入和传输 PLC 控制程序。

（3）能够独立完成简易彩灯控制线路的安装。

（4）按规定进行通电调试，出现故障时，能根据设计要求进行检修，并使系统正常工作。

二、训练步骤与内容

1. 用基本指令设计、输入 PLC 程序

（1）分配 PLC 输入、输出端。

（2）配置 PLC 辅助继电器、定时器软元件。

（3）根据控制要求写出彩灯控制函数。

（4）输入图 8-5 所示的系统控制程序。

（5）输入图 8-6 所示的定时器（T41～T48）控制程序。

（6）输入图 8-7 所示的输出点（Q0.0～Q0.7）控制程序。

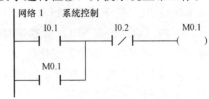

图 8-5　系统控制

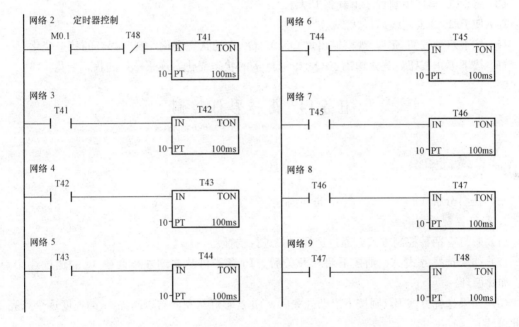

图 8-6　定时器控制程序

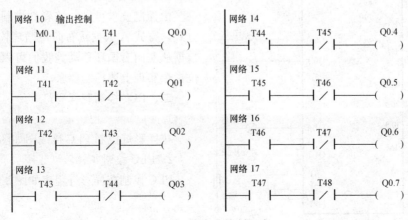

图 8-7　输出点控制程序

2. 系统安装与调试

（1）按图 8-3 所示的 PLC 接线图接线。

（2）将 PLC 程序下载到 PLC。

（3）使 PLC 处于连线运行状态。

（4）按下启动按钮 SB1，观察定时器 T41～T48 的当前值变化，观察输出点 Q0.0～Q0.7 的状态变化，观察彩灯的状态变化。

（5）按下停止按钮，观察定时器 T41～T48 的当前值变化，观察输出点 Q0.0～Q0.7 的状态变化，观察彩灯的状态变化。

3. 用功能指令控制彩灯

（1）按图 8-3 所示的 PLC 接线图接线。

（2）输入图 8-4 所示的彩灯控制程序。

（3）将 PLC 彩灯控制程序下载到 PLC。

（4）使 PLC 处于连线运行状态。

（5）按下启动按钮 SB1，观察输出点 Q0.0～Q0.7 的状态变化，观察彩灯的状态变化。

（6）按下停止按钮，观察输出点 Q0.0～Q0.7 的状态变化，观察彩灯的状态变化。

任务 14 花样彩灯控制

 基础知识

一、任务分析

1. 彩灯控制的控制要求

（1）彩灯有两种控制方式，通过选择开关进行选择。

（2）如果选择方式 A，则按下启动开关后，16 盏彩灯从右向左以间隔 1s 的速度逐个点亮 1s，如此循环。

（3）如果选择方式 B，则按下启动开关后，16 盏彩灯从左向右以间隔 1s 的速度逐个点亮 1s，如此循环。

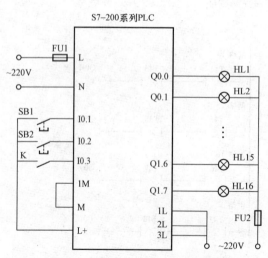

图 8-8 花样彩灯控制 PLC 接线图

（4）按下停止开关，系统停止工作。

2. 控制要求分析

由控制要求可知，该彩灯控制有两种控制方式，方式 A 数据从右向左循环移动；方式 B 数据从左向右循环移动。我们可以采用循环移位指令实现上述控制要求。

二、PLC 控制花样彩灯

1. PLC 接线图

花样彩灯控制 PLC 接线图如图 8-8 所示。

2. PLC 控制花样彩灯程序

PLC 控制花样彩灯程序如图 8-9 所示。

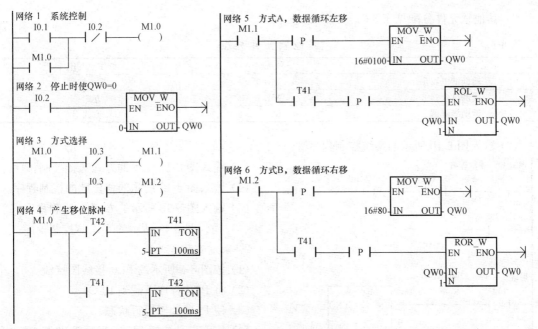

图 8-9 PLC控制花样彩灯程序

 技能训练

一、训练目标

(1) 能够正确设计花样彩灯控制的 PLC 程序。

(2) 能正确输入和传输 PLC 控制程序。

(3) 能够独立完成花样彩灯控制线路的安装。

(4) 按规定进行通电调试，出现故障时，应能根据设计要求进行检修，并使系统正常工作。

二、训练步骤与内容

1. 设计、输入 PLC 程序

(1) PLC 软元件分配。

1) PLC 输入/输出端 (I/O) 分配见表 8-6。

表 8-6 PLC 输入/输出端 (I/O) 分配

输 入		输 出	
按钮 1	I0.1	彩灯 1	Q0.0
按钮 2	I0.2	彩灯 2	Q0.1
开关 K	I0.3	彩灯 3	Q0.2
		彩灯 4	Q0.3
		彩灯 5	Q0.4
		彩灯 6	Q0.5
		彩灯 7	Q0.6
		彩灯 8	Q0.7
		彩灯 9	Q1.0
		彩灯 10	Q1.1
		彩灯 11	Q1.2
		彩灯 12	Q1.3
		彩灯 13	Q1.4
		彩灯 14	Q1.5
		彩灯 15	Q1.6
		彩灯 16	Q1.7

2）其他软元件分配见表 8-7。

表 8-7 **其 他 软 元 件 分 配**

元件名称	软元件	作　用
辅助继电器 1	M1.0	系统控制
辅助继电器 2	M1.1	方式 A
辅助继电器 3	M1.2	方式 B

（2）输入图 8-10 所示的系统控制程序。

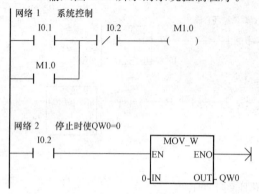

图 8-10　系统控制程序

（3）输入图 8-11 所示的方式选择控制程序。

（4）输入图 8-12 所示的移位脉冲控制程序。

（5）输入图 8-13 所示的方式 A 控制程序。

（6）输入图 8-14 所示的方式 B 控制程序。

2. 系统安装与调试

（1）按图 8-8 所示的 PLC 接线图接线。

（2）将 PLC 程序下载到 PLC。

（3）使 PLC 处于运行状态。

（4）按下启动按钮 SB1，观察输出点 Q0.0～Q1.7 的状态变化，观察彩灯的状态变化。

（5）按下停止按钮 SB2，观察输出点 Q0.0～Q1.7 的状态变化，观察彩灯的状态变化。

（6）闭合方式选择开关，按下启动按钮 SB1，观察输出点 Q0.0～Q1.7 的状态变化，观察彩灯的状态变化。

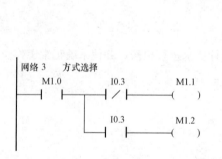

图 8-11　方式选择控制程序

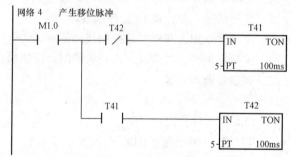

图 8-12　移位脉冲控制程序

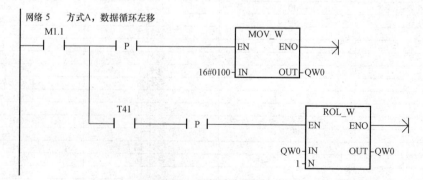

图 8-13　方式 A 控制程序

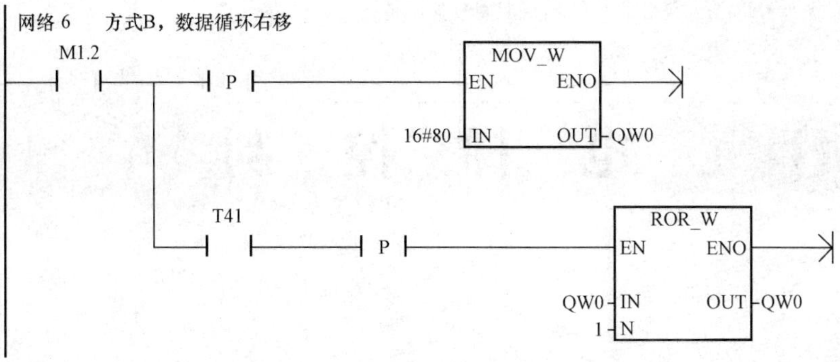

网络6　方式B，数据循环右移

```
  M1.2
  ─┤├──────┤ P ├──────┐ MOV_W ┌───────┤ ├
                      │ EN  ENO │
             16#80 ─┤ IN   OUT ├─QW0
```

```
  T41
  ─┤├──────┤ P ├──────┐ ROR_W ┌───────┤ ├
                      │ EN  ENO │
               QW0 ─┤ IN   OUT ├─QW0
                 1 ─┤ N │
```

图 8-14　方式 B 控制程序

（7）按下停止按钮 SB2，观察输出点 Q0.0～Q1.7 的状态变化，观察彩灯的状态变化。

技能提高训练

1. 花样彩灯由 16 只彩灯组成，采用 S7-200 系列 PLC 控制

控制要求如下：

（1）从右向左依次点亮。

（2）从左向右依次点亮。

（3）从右向左依次单数点亮。

（4）从左向右依次双数点亮。

（5）从右向左依次逐盏点亮，然后从左向右依次逐盏熄灭。

2. LED 汉字点阵显示

控制要求：

（1）由 LED 点阵显示组成 8×16 显示单元。

（2）通过矩阵扫描输出控制点阵上的 LED 显示汉字。

（3）汉字采用 8×8 矩阵点阵编码。

（4）每两个汉字的编码数据通过一组连续 8 字节数据寄存器组保存。

（5）各行输出线通过左移或右移指令控制。

（6）各行输出的数据通过数据寄存器提供，可以采用间接寻址方式读出寄存器数据并传送到输出端。

项目九　电　梯　控　制

学习目标

(1) 学会使用逻辑控制法设计 PLC 控制程序。

(2) 学会应用西门子 PLC 的高速计数器。

(3) 学会使用旋转编码器。

(4) 学会用 PLC 控制电梯。

任务 15　三 层 电 梯 控 制

基础知识

一、任务分析

1. 控制要求

(1) 当电梯停于一层或二层时，如果按 3AX 按钮呼叫，则电梯上升到三层，由行程开关 3LS 停止。

(2) 当电梯停于三层或二层时，如果按 1AS 按钮呼叫，则电梯下降到一层，由行程开关 1LS 停止。

(3) 当电梯停于一层时，如果按 2AS 按钮呼叫，则电梯上升到二层，由行程开关 2LS 停止。

(4) 当电梯停于三层时，如果按 2AX 按钮呼叫，则电梯下降到二层，由行程开关 2LS 停止。

(5) 当电梯停于一层时，如果按 2AS、3AX 按钮呼叫，则电梯先上升到二层，由行程开关 2LS 暂停 3s，继续上升到三层，由 3LS 停止。

(6) 当电梯停于三层时，如果按 2AX、1AS 按钮呼叫，则电梯先下降到二层，由行程开关 2LS 暂停 3s，继续下降到一层，由 1LS 停止。

(7) 电梯上升途中，任何反方向的下降按钮呼叫无效；电梯下降途中，任何反方向的上升按钮呼叫无效。

2. 逻辑控制设计法

逻辑控制设计法就是应用逻辑代数以逻辑控制组合的方法和形式设计 PLC 电气控制系统。

对于任何一个电气控制线路，线路的接通或断开都是通过继电器的触点来实现的，故电气控制线路的各种功能必定取决于这些触点的断开、闭合两种逻辑控制状态。因此，电气控制线路从本质上来说是一种逻辑控制线路，它可用逻辑代数来表示。

PLC 梯形图程序的基本形式也是逻辑运算与、或、非的逻辑组合，逻辑代数表达式与梯形图有一一对应关系，可以相互转化。

电路中常开触点用原变量表示，常闭触点用反变量表示。触点串联可用逻辑与表示；触点并联可用逻辑或表示；其他更复杂的电路，可用组合逻辑表示。

对于图 9-1 所示的梯形图，可以写出对应的逻辑控制函数表达式为

$$Q0.1 = (I0.1 + Q0.1) \ \overline{I0.2}$$

对于逻辑控制函数表达式 $Q0.2 = (I0.1 \cdot M0.1 + I0.2 \cdot \overline{M0.1}) \cdot M0.3 \cdot \overline{M0.4}$，对应的梯形图如图 9-2 所示。

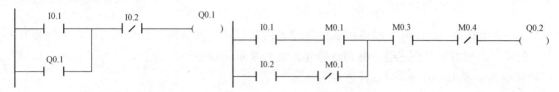

图 9-1 梯形图　　　　　　　　图 9-2 逻辑表达式对应的梯形图

用逻辑设计法设计 PLC 程序的步骤如下：

(1) 通过分析控制课题，明确控制任务和要求。

(2) 将控制任务、要求转换为逻辑控制课题。

(3) 列真值表分析输入、输出关系或直接写出逻辑控制函数。

(4) 根据逻辑控制函数画出梯形图。

3. 三层电梯控制分析

三层电梯控制输入、输出均为开关量，按控制逻辑 $Y = (QA + Y) \cdot \overline{TA}$ 表达式，分析 QA 进入条件、TA 退出条件，可直接逐条进行逻辑控制设计。

PLC 输入/输出端 (I/O) 分配见表 9-1。

表 9-1　　　　　　　　　　　PLC 输入/输出端 (I/O) 分配

输　入		输　出		输　入		输　出	
一层上行呼叫 1AS	I0.1	上行输出	Q0.1	一层行程开关 1LS	I1.1		
二层上行呼叫 2AS	I0.2	下行输出	Q0.2	二层行程开关 2LS	I1.2		
二层下行呼叫 2AX	I0.3			三层行程开关 3LS	I1.3		
三层呼叫 3AX	I0.4						

(1) 当电梯停于一层或二层时，如果按 3AX 按钮呼叫，则电梯上升到三层，由行程开关 3LS 停止。这一条逻辑控制中的输出为上升，其进入条件为 3AX 呼叫，且电梯停在一层或二层，用 3LS 表示停的位置，因此，进入条件可以表示为

$$(1LS + 2LS) \cdot 3AX = (I1.1 + I1.2) \cdot I0.4$$

退出条件为 3LS 动作，因此逻辑输出方程为

$$Q0.1 = [(1LS + 2LS)3AX + Q0.1] \cdot \overline{3LS} = [(I1.1 + I1.2)I0.4 + Q0.1] \cdot \overline{I1.3}$$

(2) 当电梯停于三层或二层时，如果按 1AS 按钮呼叫，则电梯下降到一层，由行程开关 1LS 停止。此条逻辑控制中输出为下降，其进入条件为

$$(2LS + 3LS) \cdot 1AS = (I1.2 + I1.3) \cdot I0.1$$

退出条件为 1LS 动作，逻辑输出方程为

$$Q0.2 = [(2LS + 3LS)1AS + Q0.2] \cdot \overline{1LS} = [(I1.2 + I1.3)I0.1 + Q0.2] \cdot \overline{I1.1}$$

(3) 当电梯停于一层时，如果按 2AS 按钮呼叫，则电梯上升到二层，由行程开关 2LS 停止。此条逻辑控制中输出为上升，其进入条件为

$$1LS \cdot 2AS = I1.1 \cdot I0.2$$

退出条件为 2LS 动作，逻辑输出方程为

$$Q0.1=（1LS \cdot 2AS+Q0.1）\cdot \overline{2LS}=（I1.1 \cdot I0.2+Q0.1）\cdot \overline{I1.2}$$

（4）当电梯停于三层时，如果按 2AX 按钮呼叫，则电梯下降到二层，由行程开关 2LS 停止。此条逻辑控制中输出为下降，其进入条件为

$$3LS \cdot 2AX=I1.3 \cdot I0.3$$

退出条件为 2LS 动作，逻辑输出方程为

$$Q0.2=（I1.3 \cdot I0.3+Q0.2）\cdot \overline{I1.2}$$

（5）当电梯停于一层时，如果按 2AS、3AX 按钮呼叫，则电梯先上升到二层，由行程开关 2LS 暂停 3s，继续上升到三层，由 3LS 停止。此条逻辑控制中输出为上升，为了控制电梯到二层后暂停 3s，要用定时器 T41，其进入条件为

$$1LS \cdot 2AS \cdot 3AX+T41=I1.1 \cdot I0.1 \cdot I0.4+T41$$

退出条件为 2LS 或 3LS 动作，逻辑输出方程为

$$Q0.1=（I1.1 \cdot I0.1 \cdot I0.4+T41+Q0.1）\cdot \overline{I1.2+I1.3}$$
$$=（I1.1 \cdot I0.1 \cdot I0.4+T41+Q0.1）\cdot \overline{I1.2} \cdot \overline{I1.3}$$

（6）当电梯停于三层时，如果按 2AX、1AS 按钮呼叫，则电梯先下降到二层，由行程开关 2LS 暂停 3s，继续下降到一层，由 1LS 停止。此条逻辑控制中输出为下降，为了控制电梯到二层后暂停 3s，要用定时器 T42，其进入条件为

$$3LS \cdot 2AX \cdot 1AS+T42=I1.3 \cdot I0.3 \cdot I0.1+T42$$

退出条件为 2LS 或 1LS 动作，逻辑输出方程为

$$Q0.2=（I1.3 \cdot I0.3 \cdot I0.1+T42+Q0.2）\cdot \overline{I1.2+I1.1}$$
$$=（I1.3 \cdot I0.3 \cdot I0.1+T42+Q0.2）\cdot \overline{I1.2} \cdot \overline{I1.1}$$

（7）电梯上升途中，任何反方向的下降按钮呼叫无效；电梯下降途中，任何反方向的上升按钮呼叫无效。为了实现电梯上升途中，任何反方向的下降按钮呼叫无效，只需在下降输出方程中串联 Q0.1 的"非"，即实现互锁，当 Q0.1 动作时，不允许 Q0.2 动作。为了在实现电梯下降途中任何反方向的上升按钮呼叫无效控制要求，可以通过在上升输出方程中串联 Q0.2 的"非"来实现。

由于 Q0.1、Q0.2 由多个逻辑表达式实现，画梯形图及编程不方便，使用辅助继电器 M3.1、M3.3、M3.5、M3.7 分别表示第 1、3、5 条控制要求的输出函数和 T41 的控制；使用辅助继电器 M3.2、M3.4、M3.6、M4.0 分别表示第 2、4、6 条控制要求的输出函数和 T42 的控制。则上升逻辑控制输出方程整理如下：

$$M3.1=[（I1.1+I1.2）I0.4+M3.1] \cdot \overline{I1.3}$$
$$M3.3=（I1.1 \cdot I0.2+M3.3）\cdot \overline{I1.2}$$
$$M3.5=（I1.1 \cdot I0.2 \cdot I0.4+T41+M3.5）\cdot \overline{I1.2} \cdot \overline{I1.3}$$

为了达到电梯上行到二层时暂停 3s，定时时间到可以继续上升的控制要求，M35 应修改为进入优先式设计，控制逻辑按 $Y=QA+Y \cdot \overline{TA}$ 进入优先式表达式进行设计，即

$$M3.5=I1.1 \cdot I0.2 \cdot I0.4+T41+M3.5 \cdot \overline{I1.2} \cdot \overline{I1.3}$$
$$M3.7=（I1.2 \cdot M3.5+M3.7）\cdot \overline{T41}$$
$$T41=M3.7$$
$$Q0.1=（M3.1+M3.3+M3.5）\cdot \overline{Q0.2}$$

下降逻辑输出方程整理如下：

$$M3.2=[（I1.2+I1.3）I0.1+M3.2] \cdot \overline{I1.1}$$
$$M3.4=（I1.3 \cdot I0.3+M3.4）\cdot \overline{I1.2}$$

$$M3.6 = (I1.3 \cdot I0.3 \cdot I0.1 + T42 + M3.6) \cdot \overline{I1.2} \cdot \overline{I1.1}$$

为了达到电梯下行到二层时暂停 3s，定时时间到可以继续下降的控制要求，M46 应修改为进入优先式设计，控制逻辑按 $Y = QA + Y \cdot \overline{TA}$ 进入优先式表达式进行设计，即

$$M3.6 = I1.3 \cdot I0.3 \cdot I0.1 + T42 + M3.6 \cdot \overline{I1.2} \cdot \overline{I1.1}$$

$$M4.0 = (I1.2 \cdot M3.6 + M4.0) \cdot \overline{T42}$$

$$T42 = M4.0$$

$$Q0.2 = (M3.2 + M3.4 + M3.6) \cdot \overline{Q0.1}$$

二、PLC 简易电梯控制

1. PLC 软元件分配

（1）PLC 输入、输出分配见表 9-1。

（2）其他软元件分配见表 9-2。

表 9-2   **其他软元件分配**

元件名称	软元件	作　用
定时器 1	T41	上升延时
定时器 2	T42	下降延时

2. PLC 接线图

三层电梯控制 PLC 接线图如图 9-3 所示。

3. 根据逻辑输出方程可画出三层电梯控制梯形图

4. 电梯上行的梯形图

电梯上行控制的梯形图如图 9-4 所示。

5. 电梯下行的梯形图

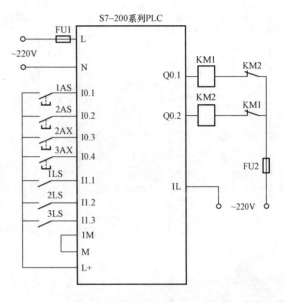

图 9-3　三层电梯控制 PLC 接线图

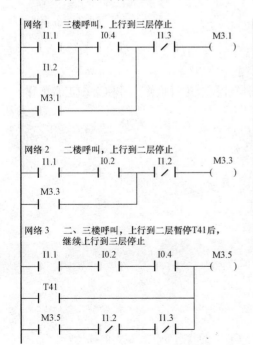

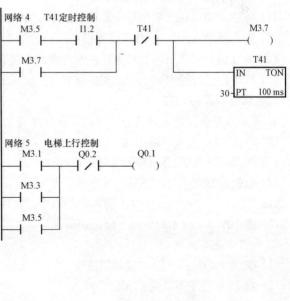

图 9-4　电梯上行控制梯形图

电梯下行的梯形图如图 9-5 所示。

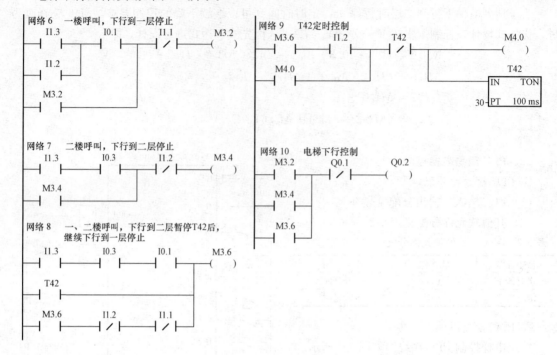

图 9-5　电梯下行控制梯形图

 技能训练

一、训练目标

（1）能够正确设计三层简易电梯控制的 PLC 程序。

（2）能正确输入和传输 PLC 控制程序。

（3）能够独立完成三层简易电梯控制线路的安装。

（4）按规定进行通电调试，出现故障时，应能根据设计要求进行检修，并使系统正常工作。

二、训练步骤与内容

1. 用基本指令设计三层简易电梯控制程序并输入 PLC 程序

（1）分配 PLC 输入、输出端。

（2）配置 PLC 辅助继电器、定时器软元件。

（3）根据控制要求写出三层简易电梯控制函数。

（4）输入图 9-4 所示的电梯上升控制的梯形图程序。

（5）输入图 9-5 所示的电梯下降控制的梯形图程序。

2. 系统安装与调试

（1）按图 9-3 所示的 PLC 接线图接线。

（2）将 PLC 程序下载到 PLC。

（3）使 PLC 处于运行状态。

（4）按下二层上行按钮 2AS，观察 PLC 输出点 Q0.1、Q0.2 的状态变化，观察电梯运行状况。

（5）按下三层上行按钮 3AX，观察 PLC 输出点 Q0.1、Q0.2 的状态变化，观察电梯运行状况。

(6) 按下二层下行按钮 2AX，观察 PLC 输出点 Q0.1、Q0.2 的状态变化，观察电梯运行状况。

(7) 按下一层上行按钮 1AS，观察 PLC 输出点 Q0.1、Q0.2 的状态变化，观察电梯运行状况。

(8) 同时按下二层上行按钮 2AS、三层上行按钮 3AX，观察 PLC 输出点 Q0.1、Q0.2 的状态变化，观察电梯运行状况。

(9) 同时按下一层下行按钮 1AS、二层下行按钮 2AX，观察 PLC 输出点 Q0.1、Q0.2 的状态变化，观察电梯运行状况。

任务 16　带旋转编码器的电梯控制

 基础知识

一、任务分析

1. 控制要求

(1) 当电梯停于一层、二层、三层时，如果用户在四楼按 4AS 上行呼叫按钮，则电梯上升到四层停止。

(2) 当电梯停于四层、三层或二层时，如果用户按 1AS 上行呼叫按钮，则电梯下降到一层停止。

(3) 当电梯停于一层时，如果用户在二楼按 2AX 下行呼叫或 2AS 上行呼叫按钮，则电梯上升到二层停止。

(4) 当电梯停于四层、三层时，如果用户在二楼按 2AX 下行呼叫或 2AS 上行呼叫按钮，则电梯下降到二层停止。

(5) 当电梯停于一层、二层时，如果在三楼按 3AX 或 3AS 呼叫，电梯上行至三层停止。

(6) 当电梯停于四层时，如果在三楼按 3AX 或 3AS 呼叫，电梯下行至三层停止。

(7) 电梯上行时，下行呼叫无效；电梯下行时，上行呼叫无效。

(8) 电梯具有上、下行延时启动功能。

(9) 电梯轿厢位置通过 LED 数码管显示。

(10) 电梯采用旋转编码器计数确定到达的层楼位置。

(11) 电梯具有快车速度（变频器对应频率 50Hz）、爬行速度（变频器对应频率 10Hz），当平层停车信号到来时，控制电梯运行的变频器频率从 10Hz 减少到 0。

2. 控制分析

(1) 呼叫信号的登记与消号。呼叫信号登记、消号可用一般的继电器控制函数确定。呼叫信号登记可以采用置位指令，到达指定楼层的消号可以用复位指令。

(2) 轿厢位置指示。电梯运行时，旋转编码器脉冲送给高速计数器计数，上升时高速计数器加计数；下降时高速计数器减计数；层楼位置信号通过七段译码指令 SEG 进行译码、显示。

(3) 电梯定向控制。将呼叫信号与电梯轿厢位置信号作比较，呼叫信号大于轿厢位置信号时，电梯定向为上行；呼叫信号小于轿厢位置信号时，电梯定向为下行。

上、下行信号分别驱动上下行指示灯指示电梯运行方向。

(4) 电梯运行控制。电梯定向完毕，延时 1s，电梯启动，上行时驱动上行输出继电器，控制电梯正转运行，带动电梯上行；下行时驱动下行输出继电器，控制电梯反转运行，带动电梯下行。

（5）减速停车。电梯到达呼叫信号的指定层楼位置减速区时，自动减速运行；到达平层位置时，停止运行。

二、PLC 控制

1. PLC 比较指令

比较指令用于两个相同类型的无符号数据或有符号数据 IN1、IN2 的比较操作，比较运算有小于（<）、等于（=）、大于（>）、小于等于（<=）、大于等于（>=）、不等于（<>）6 种形式。

在梯形图中，比较指令以常开触点的形式出现，在触点的中间注明参数和比较符号。触点中间参数 B、I、D、R 分别表示字节、整数、双字、实数数据类型。当比较条件满足时，该常开触点闭合。

2. 七段译码指令

七段译码指令将字节型输入数据 IN 的低 4 位有效数据（十六进制的 0~F）转换为七段显示码，送入 OUT 指定的字节单元。

3. 子程序指令

S7-200 系列 PLC 程序一般由主程序、子程序、中断程序组成，在 STEP7-Micro/WIN 编程软件中，分别以各自独立的编程页面表示。

对于一些常用的程序段，可以设置为子程序，并赋予其不同的子程序编号，在需要时分别调用不同编号的子程序。不调用子程序时，不执行子程序指令，由此可减少程序执行时间。使用子程序可使程序结构清晰、便于管理和维护。

调用子程序使用 CALL SBR_N，N 为子程序编号。

可以在主程序、中断程序、其他子程序中调用子程序，调用一个子程序时执行该子程序全部的指令，直到该子程序结束，然后返回到调用子程序指令的下一条指令处继续运行。

4. 高速计数器指令

高速计数器是以中断方式对机外高频信号进行计数的计数器，常用于精确定位和测量。

S7-200 系列 PLC 提供了多个高速计数器（HSC0~HSC5），以响应快速的脉冲输入信号。高速计数器独立于用户程序工作，不受程序扫描周期的限制。用户通过相关高速计数器指令，设置相应的特殊存储器，控制高速计数器工作。

高速计数器指令包括定义高速计数器、执行高速计数器指令。

（1）定义高速计数器指令。定义高速计数器指令 HDEF 为要使用的高速计数器设定一个工作模式，用于建立高速计数器与工作模式之间的联系。每个高速计数器在使用之前必须使用 HDEF 指令，而且只能使用一次。

指令中的 HSC 数据范围是 0~5；MODE 数据范围是 0~11。

（2）执行高速计数器指令。执行高速计数器指令 HSC 根据高速计数器特殊存储器位的状态，并按照 HDEF 指令指定的工作模式，设置高速计数器并控制其工作。执行高速计数器指令 HSC 中数 N 的范围是 0~5。

（3）高速计数器的工作模式。S7-200 系列 PLC 的高速计数器可以定义为如下 4 种工作类型：

1）单相计数器，内部方向控制；

2）单相计数器，外部方向控制；

3）双向增/减计数器，双脉冲输入；

4）A/B 相正交脉冲输入计数器。

每种高速计数器类型额可以定义 3 种工作状态：

1）无启动、无复位输入；

2）无启动、有复位输入；

3）有启动、有复位输入。

按照高速计数器的类型和工作状态不同，高速计数器可以设置 12 种工作模式。

对于 A/B 相正交脉冲输入的高速计数器，可以选择 4 倍和 1 倍输入脉冲频率的内部计数速率。

高速计数器的硬件定义和工作模式见表 9-3。

表 9-3   高速计数器的硬件定义和工作模式

模 式	描 述	输入点			
	HSC0	I0.0	I0.1	I0.2	
	HSC1	I0.6	I0.7	I1.0	I1.1
	HSC2	I1.2	I1.3	I1.4	I1.5
	HSC3	I0.1			
	HSC4	I0.3	I0.4	I0.5	
	HSC5	I0.4			
0	内部方向控制的单相计数器	计数脉冲			
1		计数脉冲		复位	
2		计数脉冲		复位	启动
3	外部方向控制的单相计数器	计数脉冲	方向		
4		计数脉冲	方向	复位	
5		计数脉冲	方向	复位	启动
6	增减计数双相计数器	增计数脉冲	减计数脉冲		
7		增计数脉冲	减计数脉冲	复位	
8		增计数脉冲	减计数脉冲	复位	启动
9	A/B 相正交计数器	计数脉冲 A	计数脉冲 B		
10		计数脉冲 A	计数脉冲 B	复位	
11		计数脉冲 A	计数脉冲 B	复位	启动

注意：S7-200 CPU221、CPU222 没有 HSC1、HSC2 计数器；S7-200 CPU224、CPU226 拥有全部的高速计数器。

高速计数器的硬件输入接口与通用数字量输入接口使用相同的地址，已定义用于高速计数器的输入接口不能再用于其他输入，但在某个模式下没用到的输入点还可用于通用输入接口。

高速计数器的工作模式通过一次性地执行高速计数器定义 HDEF 指令来设置。

（4）高速计数器的控制。高速计数器与特殊存储器相配合，完成高速计数功能，具体关系见表 9-4。

任务16

表 9-4   高速计数器使用的特殊存储器

编号	状态字节	控制字节	当前值	预设值
HSC0	SMB36	SMB37	SMD38	SMD42
HSC1	SMB46	SMB47	SMD48	SMD52
HSC2	SMB56	SMB57	SMD58	SMD62
HSC3	SMB136	SMB137	SMD138	SMD142
HSC4	SMB146	SMB147	SMD148	SMD152
HSC5	SMB156	SMB157	SMD158	SMD162

1) 状态字节。每个高速计数器都一个状态字节，程序运行时根据运行状况自动使某些位置位或复位。可以通过程序读取相关位的状态，用于判断条件实现相应的操作。

状态字节中状态位的功能见表 9-5。

表 9-5   状 态 位 的 功 能

状 态 位	功 能
SM X6.0～X6.4	没用
SM X6.5	当前计数方向：0 增，1 减
SM X6.6	当前值＝预设值：0 不等，1 等于
SM X6.7	当前值＞预设值：0＜＝，1＞

2) 控制字节。控制字节用于定义高速计数器的计数方式和其他设置，便于用户对高速计数器运行进行控制。

控制字节各位的功能见表 9-6。

表 9-6   控制字节各位的功能

HSC0	HSC1	HSC2	HSC3	HSC4	HSC5	功 能
SM37.0	SM47.0	SM57.0		SM147.0		复位电平控制 0 高电平，1 低电平
	SM47.1	SM57.1				启动电平控制 0 高电平，1 低电平
SM37.2	SM47.2	SM57.2		SM147.2		正交计数速率 0＝4X，1＝1X
SM37.3	SM47.3	SM57.3	SM137.3	SM147.3	SM157.3	计数方向 0 减计数，1 增计数
SM37.4	SM47.4	SM57.4	SM137.4	SM147.4	SM157.4	写入计数方向 0 不更新，1 更新
SM37.5	SM47.5	SM57.5	SM137.5	SM147.5	SM157.5	写入预设值 0 不更新，1 更新
SM37.6	SM47.6	SM57.6	SM137.6	SM147.6	SM157.6	写入初始值 0 不更新，1 更新
SM37.7	SM47.7	SM57.7	SM137.7	SM147.7	SM157.7	HSC 允许 0 禁止，1 允许

任务
16

5. PLC 软元件分配

（1）输入/输出端（I/O）分配见 9-7。

（2）其他软元件分配。辅助继电器、高速计数器分配见表 9-8。

表 9-7　输入/输出端（I/O）分配

输　入		输　出	
高速计数脉冲输入	I0.0、I0.1	减速继电器	Q0.0
1 层呼叫 1AS	I1.0	上行运行	Q0.1
2 层下行呼叫 2AX	I1.1	下行运行	Q0.2
2 层上行呼叫 1AS	I1.2	1AS 呼叫指示灯	Q0.3
3 层下行呼叫 3AX	I1.3	2AX 呼叫指示灯	Q0.4
3 层上行呼叫 3AS	I1.4	2AS 呼叫指示灯	Q0.5
4 层上行呼叫 4AS	I0.5	3AX 呼叫指示灯	Q0.6
底层极限开关	I0.3	3AS 呼叫指示灯	Q0.7
		4AS 呼叫指示灯	Q1.7
		数码管	Q1.0～Q1.6

表 9-8　辅助继电器、高速计数器分配

软元件	作　用	软元件	作　用
M1.0	1AS 信号登记	M4.0	1AS 位置
M1.1	2AX 信号登记	M4.1	2AX 位置
M1.2	2AS 信号登记	M4.2	2AS 位置
M1.3	3AX 信号登记	M4.3	3AX 位置
M1.4	3AS 信号登记	M4.4	3AS 位置
M1.5	4AS 信号登记	M4.5	4AS 位置
M2.0	1AS 消号	M3.0	存在呼梯的信号
M2.1	2AX 消号	M3.1	定向上行
M2.2	2AS 消号	M3.2	定向下行
M2.3	3AX 消号	T41	延时定时器
M2.4	3AS 消号	HSC0	高速计数器
M2.5	4AS 消号		
M5.0	平层停车		

6. PLC 接线图

电梯 PLC 接线图如图 9-6 所示。

7. 变频器参数设置

在 Pr.79＝1 下设置：

1）快车速度 F＝50Hz（用频率设定模式设置）；

2）Pr.4 ＝10Hz；

3）Pr.7 ＝3s；

4）Pr.8 ＝2s；

5）Pr.10 ＝6Hz；

6）Pr.11 ＝3s。

运行模式设置为：

Pr.79＝3 组合运行模式。

8. 电梯控制程序

（1）呼叫登记、消号控制程序。其梯形图如图 9-7 所示。

按下 1AS 按钮，I1.0 为 ON，1AS 登记辅

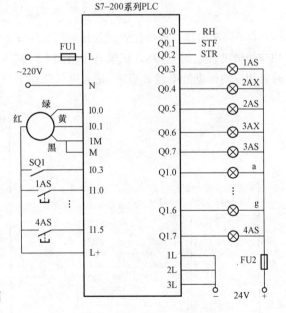

图 9-6　电梯 PLC 接线图

助继电器 M1.0 为 ON；电梯到达指定层楼，M2.0 为 ON，1AS 登记辅助继电器 M1.0 为 OFF，消除 1AS 登记信号。

其他的呼叫信号的登记与消号原理与 1AS 信号的登记与消号原理类似。

（2）电梯定向控制程序如图 9-8 所示。当电梯存在呼叫信号时，通过呼叫信号与层楼位置信号比较确定电梯的运行方向。呼叫信号大于层楼位置信号时，电梯定向为上行；呼叫信号小于层楼位置信号时，电梯定向为下行。

任务 16

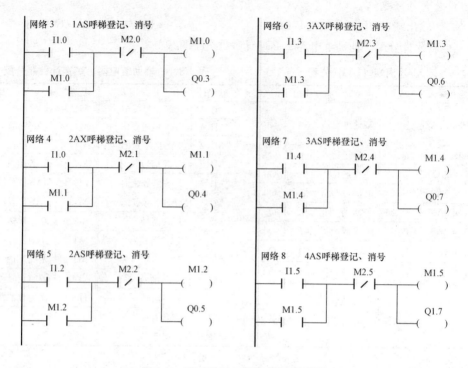

图 9-7　呼叫登记、消号控制梯形图

　　(3) 层楼位置。层楼位置记录梯形图如图 9-9 所示。电梯上行运行到达各层的上行平层区时，相应的辅助继电器为 ON，记录电梯轿厢上行到达的位置；电梯下行运行到达各层的下行平层区时，相应的辅助继电器为 ON，记录电梯轿厢下行到达的位置。

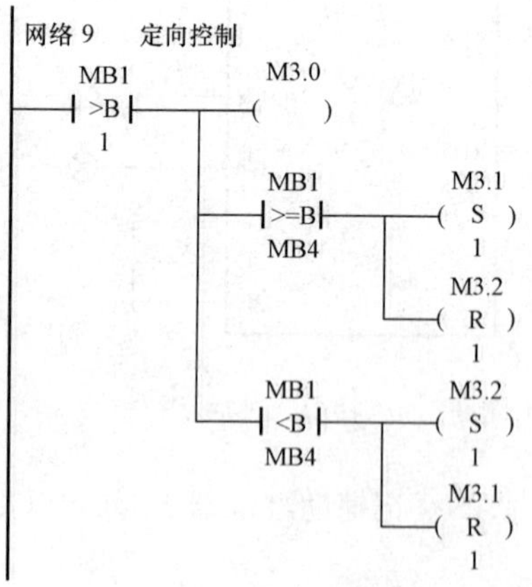

图 9-8　定向控制

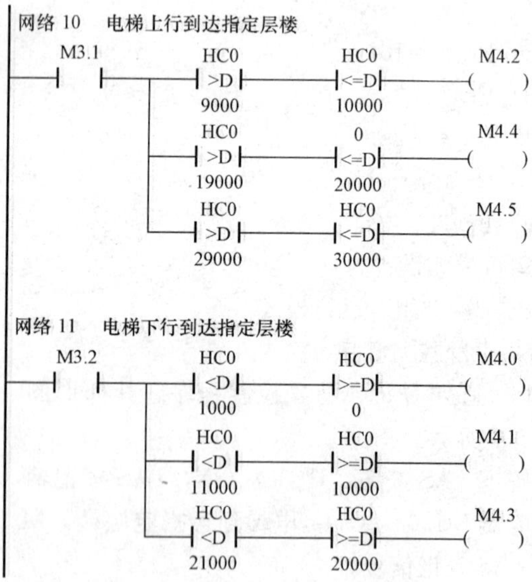

图 9-9　层楼位置记录梯形图

　　(4) 电梯到达指定层楼，产生平层的消号信号。电梯到达呼叫信号指定的层楼位置，产生平层的消号控制信号，控制程序如图 9-10 所示。

（5）电梯平层减速控制。电梯到达有呼叫信号的层楼位置平层区时，产生电梯平层减速信号，驱动 Q0.0 连接的变频器，进入低速运行状态。平层减速控制梯形图如图 9-11 所示。

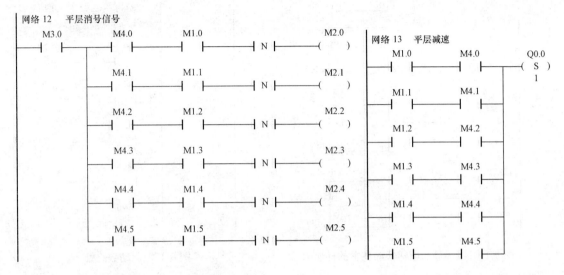

图 9-10　消号控制程序　　　　　　　图 9-11　平层减速控制梯形图

（6）电梯减速停车控制。其梯形图如图9-12 所示。

（7）延时启动运行控制程序。其梯形图如图 9-13 所示。电梯定向完成，延时 1s；延时时间到，如果定向为上行，置位上行输出 Q0.1，驱动变频器带动交流电动机正转，拖动电梯轿厢上行；如果定向为下行，置位下行输出 Q0.2，驱动变频器带动交流电动机反转，拖动电梯轿厢下行。

（8）译码显示电梯轿厢位置。译码显示电梯轿厢位置的梯形图如图 9-14 所示，通过译码显示指令把电梯层楼位置辅助继电器信号转换为驱动数码管显示的信号。

（9）驱动数码管程序如图 9-15 所示。

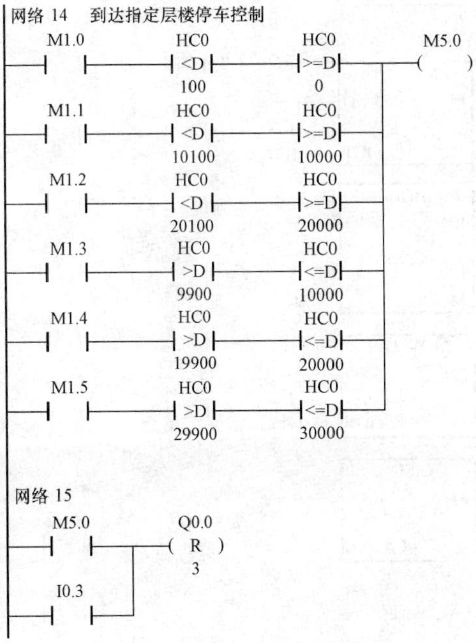

图 9-12　减速停车控制梯形图 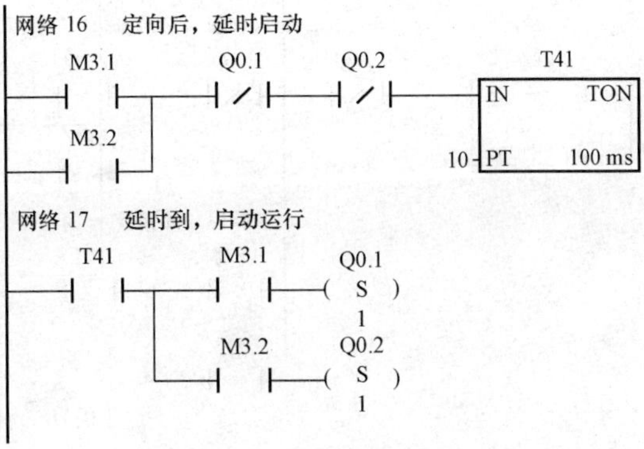　　　　　　图 9-13　延时启动控制梯形图

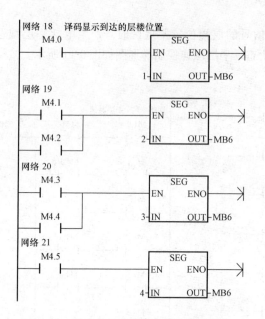

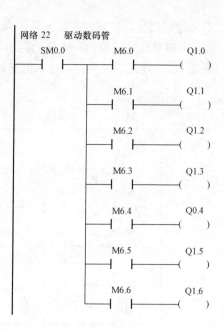

图 9-14　译码显示电梯轿厢位置的梯形图　　　　　图 9-15　驱动数码管

（10）高速计数器控制程序。如图 9-16 所示，初始化时调用子程序 SB0 高速计数器 HSC0 的控制程序。

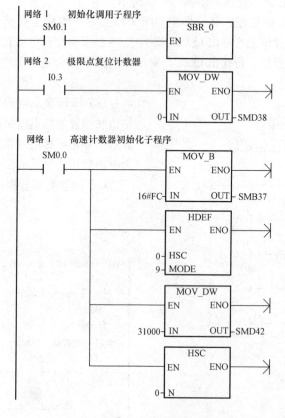

图 9-16　高速计数器控制

技能训练

一、训练目标

(1) 能够正确设计带旋转编码器电梯控制的 PLC 程序。

(2) 能正确输入和传输 PLC 控制程序。

(3) 能够独立完成带旋转编码器电梯控制线路的安装。

(4) 按规定进行通电调试，出现故障时，应能根据设计要求进行检修，并使系统正常工作。

二、训练步骤与内容

1. 根据控制要求设计带旋转编码器电梯控制程序

(1) 分配 PLC 输入、输出端。

(2) 配置 PLC 辅助继电器、定时器、计数器等软元件。

(3) 设计呼叫登记控制程序。

(4) 设计电梯定向控制程序。

(5) 设计电梯层楼位置记忆程序。

(6) 设计电梯平层消号的控制程序。

(7) 设计电梯平层减速控制程序。

(8) 设计电梯减速停车控制程序。

(9) 设计电梯延时启动运行程序。

(10) 设计译码显示电梯轿厢位置及数码管驱动程序。

(11) 设计高速计数器控制程序。

2. 输入电梯控制程序

(1) 输入呼叫登记、消号控制程序。

(2) 输入电梯定向控制程序。

(3) 输入电梯层楼位置记录程序。

(4) 输入电梯平层消号控制程序。

(5) 输入电梯平层减速控制程序。

(6) 输入电梯减速停车控制程序。

(7) 输入电梯延时启动运行程序。

(8) 输入译码显示电梯轿厢位置及数码管驱动程序。

(9) 输入高速计数器控制程序。

3. 系统安装与调试

(1) 按图 9-6 所示的 PLC 接线图接线。

(2) 将电梯控制程序下载到 PLC。

(3) 使 PLC 处于运行状态。

(4) 按下二层上行按钮 2AS，观察 PLC 输出点 Q0.0～Q1.7 的状态变化，观察电梯运行状况。

(5) 按下三层上行按钮 3AS，观察 PLC 输出点 Q0.0～Q1.7 的状态变化，观察电梯运行状况。

(6) 按下四层上行按钮 4AS，观察 PLC 输出点 Q0.0～Q1.7 的状态变化，观察电梯运行状况。

（7）按下三层下行按钮 3AX，观察 PLC 输出点 Q0.0～Q1.7 的状态变化，观察电梯运行状况。

（8）按下二层下行按钮 2AX，观察 PLC 输出点 Q0.0～Q1.7 的状态变化，观察电梯运行状况。

（9）按下一层按钮 1AS，观察 PLC 输出点 Q0.0～Q1.7 的状态变化，观察电梯运行状况。

（10）同时按下按二层上行按钮 2AS、三层上行按钮 3AS、四层上行按钮 4AS，观察 PLC 输出点 Q0.0～Q1.7 的状态变化，观察电梯运行状况。

（11）同时按下按一层下行按钮 1AS、二层下行按钮 2AX，三层下行按钮 3AX 观察 PLC 输出点 Q0.0～Q1.7 的状态变化，观察电梯运行状况。

技能提高训练

1. 设计 7 层站电梯控制程序

控制要求：

（1）电梯具有轿内指令呼梯按钮。

（2）电梯厅外具有上、下行呼梯按钮。

（3）内指令信号优先，上、下行呼梯按钮信号互锁，即上行时，下行呼梯信号无效；下行时，上行呼梯信号无效。

（4）电梯各层楼设有层楼位置感应器。

（5）电梯轿厢位置通过数码管显示。

（6）电梯开、关门均设有限位开关。

（7）电梯具有上行平层、门区平层、下行平层感应器。

（8）电梯具有自动选层、换速控制功能。

（9）电梯具有启动加速、匀速运行、减速运行、平层停车控制功能。

2. 设计 7 层站电梯控带旋转编码器的电梯控制程序

控制要求：

（1）电梯具有轿内指令呼梯按钮，电梯厅外具有上、下行呼梯按钮。

（2）内指令信号优先，上、下行呼梯信号互锁，即上行时，下行呼梯信号无效；下行时，上行呼梯信号无效。

（3）电梯轿厢位置通过数码管显示。

（4）电梯开、关门均设有限位开关。

（5）电梯具有自动选层、换速控制。

（6）电梯平层减速由旋转编码器、高速计数器控制。

（7）电梯具有启动加速、匀速运行、减速运行、平层停车控制。

项目十 机床控制

学习目标

(1) 学会用 PLC 改造使用继电器的旧设备。

(2) 学会分析通用机床的电气控制线路。

(3) 学会用 PLC 控制通用机床。

(4) 学会分析平面磨床的电气控制线路。

(5) 学会用 PLC 控制平面磨床。

任务 17 通用机床控制

基础知识

一、任务分析

1. 通用车床 CA6140 的电气控制原理图

通用车床 C A6140 的电气控制原理如图 10-1 所示，图中各电气元件的作用见表 10-1。

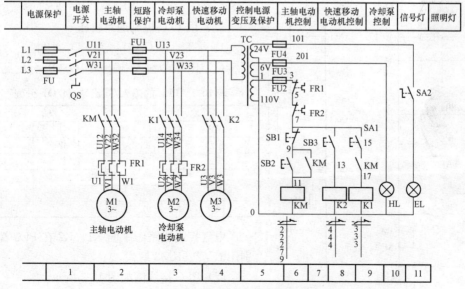

图 10-1 CA 6140 电气控制原理图

表 10-1 通用车床 CA 6140 的电气元件作用

元件代号	元件作用	元件代号	元件作用
SB1	主轴电动机停止按钮	KM1	主轴电动机控制接触器
SB2	主轴电动机启动按钮	K1	冷却泵电动机控制继电器
SB3	快速移动电动机点动控制	K2	快速移动电动机控制继电器
SA1	冷却泵电动机手动控制	HL	机床电源指示灯
FR1	主轴电动机过载短路保护		
FR2	冷却泵电动机过载短路保护		

2. 通用车床 CA6140 控制要求

(1) 按下启动按钮 SB2,主轴电动机控制接触器得电,主轴电动机启动运行。

(2) 按下停止按钮 SB1,主轴电动机控制接触器失电,主轴电动机停止。

(3) 主轴电动机启动后,扳动冷却泵电动机手动控制开关 SA1 至闭合位置,冷却泵电动机控制继电器 K1 得电,冷却泵电动机启动运行。

(4) 主轴电动机启动后,扳动冷却泵电动机手动控制开关 SA1 至断开位置,冷却泵电动机控制继电器 K1 失电,冷却泵电动机停止。

(5) 按下点动控制按钮 SB3,快速移动电动机控制继电器得电,快速移动电动机启动运行。

(6) 松开点动控制按钮 SB3,快速移动电动机控制继电器失电,快速移动电动机停止。

(7) 过载、短路保护热继电器 FR1、FR2 任何一个触点断开,接触器 KM1、继电器 K1、继电器 K2 断电,所有电动机停止。

3. 控制分析

主轴电动机控制函数为

$$KM1 = (SB2 + KM1) \cdot \overline{SB1} \cdot \overline{FR1} \cdot \overline{FR2}$$

冷却泵电动机控制函数为

$$K1 = KM1 \cdot SA1 \cdot \overline{FR1} \cdot \overline{FR2}$$

快速移动电动机控制函数为

$$K2 = SB3 \cdot \overline{FR1} \cdot \overline{FR2}$$

二、用 PLC 控制通用机床

1. 通用机床 CA6140 的 PLC 控制

(1) PLC 的输入/输出端 (I/O) 分配见表 10-2。

表 10-2 PLC 的输入/输出端 (I/O) 分配

输	入	输	出
SB1	I0.1	KM1	Q0.1
SB2	I0.2	KM2	Q0.2
SB3	I0.3	KM3	Q0.3
SA1	I0.4		
FR1	I0.5		
FR2	I0.6		

电气控制线路图中的 K1、K2 在 PLC 控制中分别用 KM2、KM3 取代。

(2) PLC 接线图如图 10-2 所示。

2. PLC 控制程序

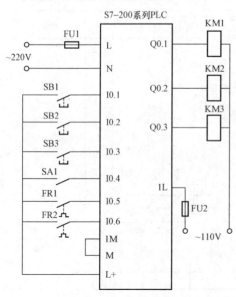

图 10-2 PLC 接线图

PLC 控制函数如下：

$$Q0.1 = (I0.2 + Q0.1) \cdot \overline{I0.1} \cdot \overline{I0.5} \cdot \overline{I0.6}$$

$$Q0.2 = Q0.1 \cdot I0.4 \cdot \overline{I0.5} \cdot \overline{I0.6}$$

$$Q0.3 = I0.3 \cdot \overline{I0.5} \cdot \overline{I0.6}$$

 技能训练

一、训练目标

(1) 能够正确设计通用车床 CA6140 的 PLC 控制程序。

(2) 能正确输入和传输 PLC 控制程序。

(3) 能够独立完成通用车床 CA6140 电气线路的安装。

(4) 按规定进行通电调试，出现故障时，能根据设计要求进行检修，并使系统正常工作。

二、训练步骤与内容

1. 设计、输入 PLC 程序

(1) 根据主轴电动机控制函数设计 PLC 控制函数，并画出梯形图程序。

(2) 输入主轴电动机的 PLC 控制程序。

(3) 根据冷却泵电动机控制函数设计 PLC 控制函数，并画出梯形图程序。

(4) 输入冷却泵电动机的 PLC 控制程序。

(5) 根据快速移动电动机控制函数设计 PLC 控制函数，并画出梯形图程序。

(6) 输入快速移动电动机的 PLC 控制程序。

(7) 输入完成的 PLC 梯形图，如图 10-3 所示。

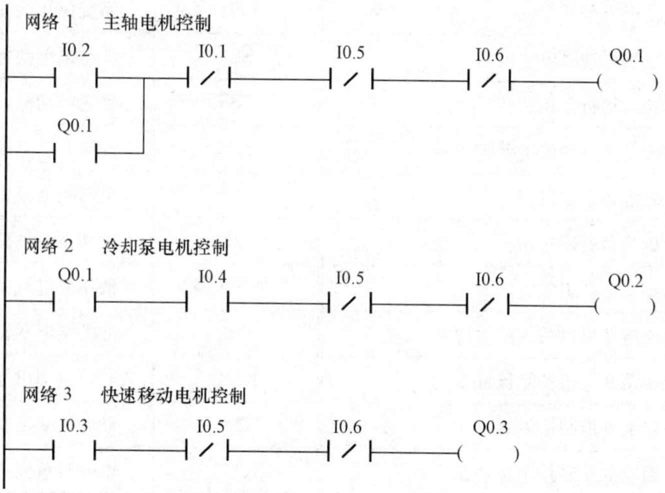

图 10-3 CA 6410 的 PLC 梯形图

2. 系统安装与调试

(1) 主电路按图 10-1 所示的通用车床 CA6140 电气线路主电路接线。

(2) PLC 按图 10-2 所示的通用车床 CA6140 控制的 PLC 接线图接线。

(3) 将 PLC 程序下载到 PLC。

(4) 使 PLC 处于运行状态。

（5）按下主轴电动机启动按钮 SB2，观察 PLC 输出点 Q0.1，观察主轴电动机的运行。

（6）扳动冷却泵电动机手动控制转换开关至闭合位置，观察 PLC 输出点 Q0.2，观察冷却泵电动机的运行。

（7）扳动冷却泵电动机手动控制转换开关至断开位置，观察 PLC 输出点 Q0.2，观察冷却泵电动机的运行。

（8）按下快速移动电动机点动按钮 SB3，观察 PLC 输出点 Q0.3，观察快速移动电动机的运行。

（9）松开快速移动电动机点动按钮 SB3，观察 PLC 输出点 Q0.3，观察快速移动电动机的运行。

（10）按下主轴电动机停止按钮 SB1，观察 PLC 输出点 Q0.1，观察主轴电动机的运行。

任务18　平面磨床控制

 基础知识

一、任务分析

1. 通用平面磨床 M7120 的电气控制原理图

通用平面磨床 M7120 的电气控制原理如图 10-4 所示，图中电气元件的作用见表 10-3。

表 10-3　　　　　　　　　通用平面磨床 M7120 的电气元件作用

元件代号	元件作用	元件代号	元件作用
KV	电压继电器	SB1	系统停止按钮
SB2	液压泵电动机停止按钮	SB3	液压泵电动机启动按钮
SB4	砂轮电动机停止按钮	SB5	砂轮电动机启动按钮
SB6	砂轮升降电动机上升按钮	SB7	砂轮升降电动机下降按钮
SB8	电磁吸盘充磁按钮	SB9	电磁吸盘停止充磁按钮
SB10	电磁吸盘去磁按钮	SB11	冷却泵电动机启动按钮
SB12	冷却泵电动机停止按钮	FR1	液压泵过载保护
FR2	砂轮电动机过载保护	FR3	冷却泵电动机过载保护
KM1	液压泵电动机控制接触器	KM2	砂轮电动机控制接触器
KM3	砂轮上升控制接触器	KM4	砂轮下降控制接触器
KM5	电磁吸盘充磁控制接触器	KM6	电磁吸盘去磁控制接触器
KM7	冷却泵电动机控制接触器		

2. 通用平面磨床 M7120 的控制要求

（1）合上电源总开关 QS，电压继电器得电，电压继电器常开触点闭合，接通控制电路电源。

（2）按下液压泵电动机启动按钮 SB3，液压泵电动机控制接触器 KM1 得电，液压泵电动机启动运行。

（3）按下液压泵电动机停止按钮 SB2，液压泵电动机控制接触器 KM1 失电，液压泵电动机停止。

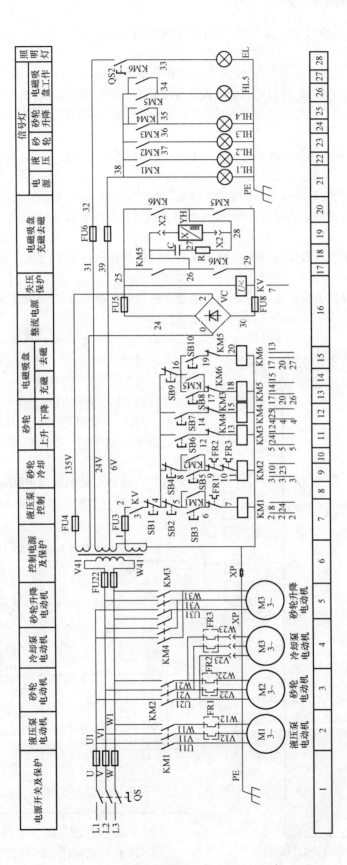

图 10-4 通用平面磨床 M7120 的电气控制原理图

（4）按下砂轮电动机启动按钮 SB5，砂轮电动机控制接触器 KM2 得电，砂轮电动机启动运行。

（5）按下砂轮电动机停止按钮 SB4，砂轮电动机控制接触器 KM2 失电，砂轮电动机停止。

（6）砂轮电动机启动后，可以通过插、拔插接件 KP 控制冷却泵电动机的运行和停止。

（7）按下砂轮升降电动机上升按钮 SB6，接通砂轮上升控制接触器 KM3，砂轮升降电动机正转，砂轮升降。

（8）按下砂轮升降电动机下降按钮 SB7，接通砂轮下降控制接触器 KM4，砂轮升降电动机反转，砂轮下降。

（9）按下电磁吸盘充磁按钮 SB8，电磁吸盘充磁控制接触器 KM5 得电，电磁吸盘充磁。

（10）按下电磁吸盘停止充磁按钮 SB9，电磁吸盘充磁控制接触器 KM5 失电，电磁吸盘停止充磁。

（11）按下电磁吸盘去磁按钮 SB10，电磁吸盘去磁控制接触器 KM6 得电，电磁吸盘点动去磁。

（12）松开电磁吸盘去磁按钮 SB10，电磁吸盘去磁控制接触器 KM6 失电，电磁吸盘停止去磁。

（13）过载、短路保护热继电器 FR1 触点断开，接触器 KM1 失电，液压泵电动断电，液压泵电动得到过载、短路保护。

（14）FR1、FR2 任何一个触点断开，接触器 KM2 失电，砂轮电动机和冷却泵电动机断电，砂轮电动机和冷却泵电动机得到过载、短路保护。

二、用 PLC 控制通用平面磨床

（1）PLC 的输入/输出端（I/O）分配见表 10-4。

表 10-4　PLC 的输入/输出端（I/O）分配

输	入	输	出
KV	I0.0	KM1	Q0.1
SB1	I0.1	KM2	Q0.2
SB2	I0.2	KM3	Q0.3
SB3	I0.3	KM4	Q0.4
SB4	I0.4	KM5	Q0.5
SB5	I0.5	KM6	Q0.6
SB6	I0.6	KM7	Q0.7
SB7	I0.7		
SB8	I1.0		
SB9	I1.1		
SB10	I1.2		
SB11	I1.3		
SB12	I1.4		
FR1	I1.5		
FR2	I1.6		
FR3	I1.7		

（2）PLC 接线图如图 10-5 所示。

（3）PLC 控制程序。PLC 控制函数如下：

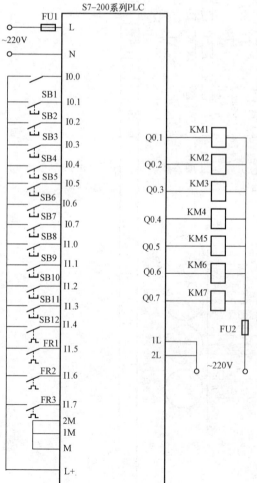

图 10-5　M7210PLC 接线图

$$Q0.1 = (I0.3 + Q0.1) \cdot \overline{I0.1} \cdot \overline{I0.2} \cdot \overline{I1.5} \cdot I0.0$$

$$Q0.2 = (I0.5 + Q0.2) \cdot \overline{I0.1} \cdot \overline{I0.4} \cdot \overline{I1.6} \cdot \overline{I1.7} \cdot I0.0$$

$$Q0.3 = I0.6 \cdot I0.0 \cdot \overline{I0.1} \cdot \overline{Q0.4} \cdot \overline{I0.7}$$

$$Q0.4 = I0.7 \cdot I0.0 \cdot \overline{I0.1} \cdot \overline{Q0.3} \cdot \overline{I0.6}$$

$$Q0.5 = (I1.0 + Q0.5) \cdot I0.0 \cdot \overline{I0.1} \cdot \overline{I1.1} \cdot \overline{Q0.6}$$

$$Q0.6 = I1.2 \cdot I0.0 \cdot \overline{I0.1} \cdot \overline{I1.1} \cdot \overline{Q0.5}$$

$$Q0.7 = (I1.3 + Q0.7) \cdot \overline{I1.4} \cdot Q0.2 \cdot \overline{I1.7}$$

 技能训练

一、训练目标

(1) 能够正确设计通用平面磨床 M7120 的 PLC 控制程序。

(2) 能正确输入和传输 PLC 控制程序。

(3) 能够独立完成通用平面磨床 M7120 电气线路的安装。

(4) 按规定进行通电调试，出现故障时，能根据设计要求进行检修，并使系统正常工作。

二、训练步骤与内容

1. 设计、输入 PLC 程序

(1) 根据液压泵电动机的控制要求设计 PLC 控制函数，并画出梯形图程序。

(2) 输入液压泵电动机的 PLC 控制程序。

(3) 根据砂轮电动机控制要求设计 PLC 控制函数，并画出梯形图程序。

(4) 输入砂轮电动机的 PLC 控制程序。

(5) 根据砂轮升降电动机上升的控制要求设计 PLC 控制函数，并画出梯形图程序。

(6) 输入砂轮升降电动机上升的 PLC 控制程序。

(7) 根据砂轮升降电动机下降的控制要求设计 PLC 控制函数，并画出梯形图程序。

(8) 输入砂轮升降电动机下降的 PLC 控制程序。

(9) 根据电磁吸盘充磁的控制要求设计 PLC 控制函数，并画出梯形图程序。

(10) 输入电磁吸盘充磁的 PLC 控制程序。

(11) 根据电磁吸盘去磁的控制要求设计 PLC 控制函数，并画出梯形图程序。

(12) 输入电磁吸盘去磁的 PLC 控制程序。

(13) 根据冷却泵电动机的控制要求设计 PLC 控制函数，并画出梯形图程序。

(14) 输入冷却泵电动机的 PLC 控制程序。

(15) 输入完成的 PLC 梯形图，如图 10-6 所示。

2. 系统安装与调试

(1) 主电路按图 10-4 所示的通用平面磨床 M7120 控制电气线路主电路接线。

(2) PLC 按图 10-5 所示的通用平面磨床 M7120 控制的 PLC 接线图接线。

(3) 将 PLC 程序下载到 PLC。

(4) 使 PLC 处于运行状态。

(5) 按下液压泵电动机启动按钮 SB3，观察 PLC 输出点 Q0.1，观察主液压泵电动机的运行。

(6) 按下液压泵电动机停止按钮 SB2，观察 PLC 输出点 Q0.1，观察主液压泵电动机的运行。

(7) 按下砂轮电动机启动控制按钮 SB5，观察 PLC 输出点 Q0.2，观察砂轮电动机的运行。

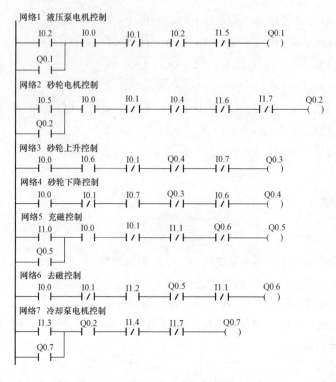

图 10-6　通用平面磨床 M7210 的 PLC 梯形图

(8) 按下砂轮电动机停止控制按钮 SB4，观察 PLC 输出点 Q0.2，观察砂轮电动机的运行。

(9) 按下砂轮升降电动机上升控制按钮 SB6，观察 PLC 输出点 Q0.3，观察砂轮升降电动机的运行。

(10) 按下砂轮升降电动机下降控制按钮 SB7，观察 PLC 输出点 Q0.4，观察砂轮升降电动机的运行。

(11) 按下总停止按钮 SB1，观察系统运行状况。

(12) 按电磁吸盘充磁启动控制按钮 SB8，观察 PLC 输出点 Q0.5，观察线圈 YH 的工作。

(13) 按下电磁吸盘充磁停止控制按钮 SB9，观察 PLC 输出点 Q0.5，观察线圈 YH 的工作。

(14) 按电磁吸盘去磁控制按钮 SB10，观察 PLC 输出点 Q0.6，观察线圈 YH 的工作。

(15) 松开电磁吸盘去磁控制按钮 SB10，观察 PLC 输出点 Q0.6，观察线圈 YH 的工作。

(16) 按下冷却泵电动机启动按钮 SB11，观察 PLC 输出点 Q0.7，观察主冷却泵电动机的运行。

(17) 按下冷却泵电动机停止按钮 SB12，观察 PLC 输出点 Q0.7，观察主冷却泵电动机的运行。

 技能提高训练

1. 当停止按钮、热继电器触点采用常闭输入时，相应的控制函数如何写？相应的 PLC 程序如何编制？

2. Z3050 型摇臂钻床电气控制线路如图 10-7 所示，请根据摇臂钻床电气线路的控制要求，设计摇臂钻床电气控制的 PLC 程序。

3. X62W 型铣床电气控制线路如图 10-8 所示，请根据铣床电气线路的控制要求，设计铣床电气控制的 PLC 程序。

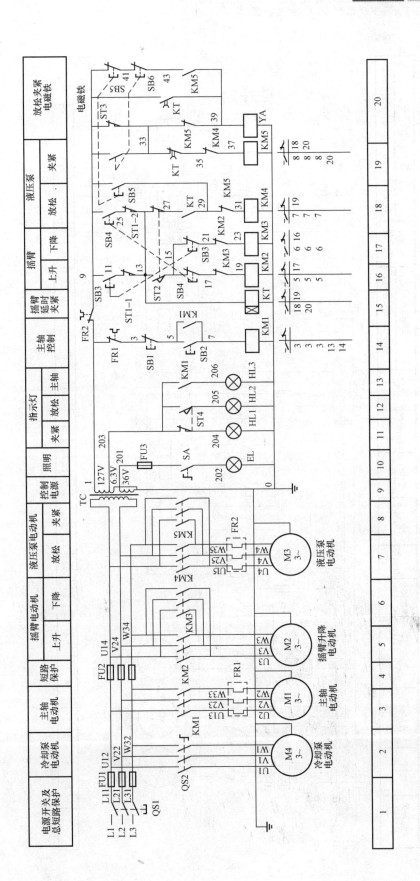

图 10-7 Z3050 型摇臂钻床电气控制线路

任务 18

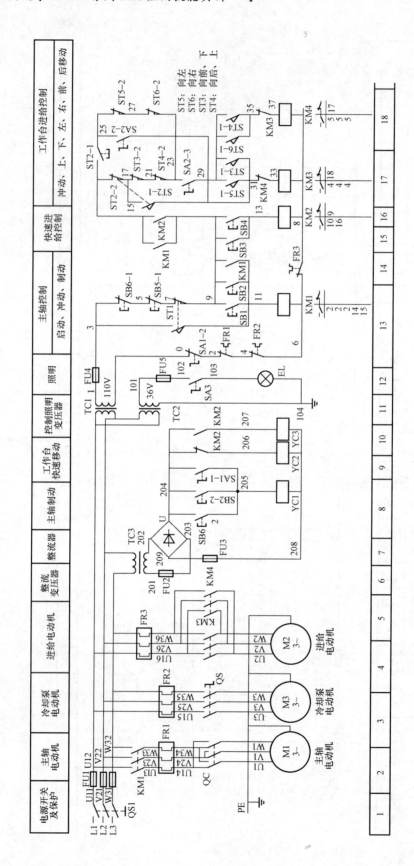

图 10-8　X62W 型铣床电气控制线路

4. 双面钻孔组合机床主电路由液压泵电动机 M1、左机刀具电动机 M2、右机刀具电动机 M3、切削液泵电动机 M4 拖动的电气控制主电路组成，电动机控制要求如下：

（1）双面钻孔组合机床各电动机只有在液压电动机 M1 正常启动运行、机床供油系统正常后才能启动运行。

（2）刀具电动机 M2、M3 应在滑台进给循环开始时启动运行，滑台退回原位停车运行。

（3）切削液压泵电动机 M4 可以在滑台工进时自动启动，在工进结束时自动停止。

（4）可用手动控制方式控制所有电动机的运行。

双面钻孔组合机床动力滑台、工件定位装置、夹紧装置由液压系统驱动，各电磁阀动作状态见表 10-5。

表 10-5 　　　　　　　　　　电磁阀工作状态

工序	转换指令	定位		夹紧		左机滑台			右机滑台		
		YV1	YV2	YV3	YV4	YV5	YV6	YV7	YV8	YV9	YV10
工件定位	SB4	ON									
工件夹紧	ST2			ON							
滑台快进	KP			ON		ON		ON	ON		ON
滑台工进	ST3、ST6			ON		ON			ON		
滑台快退	ST4、ST7			ON			ON			ON	
松开工件	ST5、ST8				ON						
撤定位销	ST9		ON								
停止	ST1										

注 表中"ON"表示电磁阀线圈通电。

各电磁阀作用如下：

电磁阀 YV1、YV2 控制定位销液压缸活塞运动方向；

电磁阀 YV3、YV4 控制夹紧液压缸活塞运动方向；

电磁阀 YV5、YV6、YV7 为左机滑台油路换向电磁阀；

电磁阀 YV8、YV9、YV10 为右机滑台油路换向电磁阀；

电磁阀 YV1 线圈得电时，工件定位装置将工件定位；

电磁阀 YV3 线圈得电时，工件夹紧装置将工件夹紧；

电磁阀 YV3、YV5、YV7 线圈得电时，左机滑台快进；

电磁阀 YV3、YV8、YV10 线圈得电时，右机滑台快进；

电磁阀 YV3、YV5 线圈得电时，左机滑台工进；

电磁阀 YV3、YV8 线圈得电时，右机滑台工进；

电磁阀 YV3、YV6 线圈得电时，左机滑台快退；

电磁阀 YV3、YV9 线圈得电时，右机滑台快退；

电磁阀 YV4 线圈得电时，松开定位销，定位销松开后，行程开关 ST1 动作时，机床停止运行；

电磁阀 YV2 线圈得电时，撤除定位销。

机床动力滑台、工件定位装置、夹紧装置控制工作流程如下：

按下液压系统启动按钮 SB4→工件定位和夹紧→左、右两面滑台快进→左、右两面滑台工进 →左、右两面滑台快退回原位→夹紧装置松开→撤除定位销；

任务 18

　　在左、右两面滑台快进的同时，左刀具电动机 M2、右刀具电动机 M3 启动运行，提供切削动力；

　　在左、右两面滑台工进时，切削液电动机 M4 自动启动运行，在工进加工过程结束时 M4 自动停止；

　　在滑台退回原位时，左刀具电动机 M2、右刀具电动机 M3 停止。

　　请根据上述控制要求和工艺流程设计双面钻孔组合机床的 PLC 控制程序。

任务
18

项目十一 机械手控制

学习目标

（1）学会应用模块化程序设计思想。

（2）学会调用子程序。

（3）学会设计手动控制程序。

（4）学会设计机械手复位程序。

（5）学会设计自动运行程序。

（6）学会用 PLC 控制机械手。

任务 19 滑台移动机械手控制

基础知识

一、任务分析

1. 控制要求

如图 11-1 所示，滑台移动机械手由气动爪、水平滑台移动机械手、垂直移动机械手、前后移动机械手、阀岛、水平滑台移动限位开关、垂直限位开关、前后移动限位开关、S7-200 系列 PLC、电源模块、按钮模块等组成。

机械手的原点位置定义为：

垂直移动机械手在垂直方向处于上端极限位；

水平滑台移动机械手处于右端极限位；

前后移动机械手处于后端极限位；

气动爪处于放松状态。

滑台移动机械手控制要求如下：

（1）按下停止按钮，机械手停止。

（2）停止状态下按下回原点按钮，机械手回原点。

图 11-1 滑台机械手

（3）回原点结束后按下启动按钮，前后移动机械手前移；前移到位，垂直移动机械手下移；到位后，夹紧工件，垂直移动机械手上移；上移到位，前后移动机械手缩回，缩回到位，水平滑台移动机械手左移；左移到位，前后移动机械手前移，前移到位，垂直移动机械手下降；下降到位，放松工件，垂直移动机械手上升；到位后，前后移动机械手缩回；缩回到位，水平移动机械手右移；右移到位，完成一次单循环。

（4）如果是自动循环运行，以上流程结束后，再自动重复步骤（3）开始的流程。

（5）机械手具有手动调试功能。

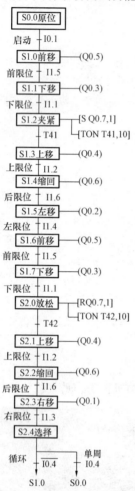

图 11-2　自动运行状态转移图

2. 自动运行的状态转移图

自动运行的状态转移图如图 11-2 所示。

二、用 PLC 控制滑台移动机械手

1. PLC 软元件分配

（1）PLC 输入/输出端（I/O）分配见表 11-1。

表 11-1　PLC 输入/输出端（I/O）分配

输　　入		输　　出	
按钮 1	I0.1	电磁阀 1	Q0.1
按钮 2	I0.2	电磁阀 2	Q0.2
按钮 3	I0.3	电磁阀 3	Q0.3
手　动	I0.4	电磁阀 4	Q0.4
自　动	I0.5	电磁阀 5	Q0.5
单　周	I0.6	电磁阀 6	Q0.6
限位开关 1	I1.1	电磁阀 7	Q0.7
限位开关 2	I1.2	指示灯 1	Q1.0
限位开关 3	I1.3	指示灯 2	Q1.1
限位开关 4	I1.4		
限位开关 5	I1.5		
限位开关 6	I1.6		
按钮 4	I2.0		
按钮 5	I2.1		
按钮 6	I2.2		
按钮 7	I2.3		
按钮 8	I2.4		
按钮 9	I2.5		
按钮 10	I2.6		

（2）其他软元件分配见表 11-2。

表 11-2　　　　　　　　　　其他软元件分配

元件名称	软元件	作用	元件名称	软元件	作用
状态 0	S0.7	初始	状态 16	S1.6	前移
状态 10	S1.0	前移	状态 17	S1.7	下降
状态 11	S1.1	下降	状态 20	S2.0	放松
状态 12	S1.2	夹紧	状态 21	S2.1	上升
状态 13	S1.3	上升	状态 22	S2.2	缩回
状态 14	S1.4	缩回	状态 23	S2.3	右移
状态 15	S1.5	左移	状态 24	S2.4	选择

任务
19

2. PLC 接线图

PLC 接线图如图 11-3 所示。

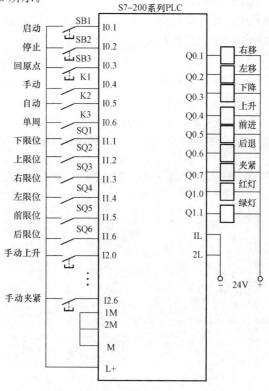

图 11-3　滑台移动机械手 PLC 接线图

3. 根据控制要求设计 PLC 控制程序

(1) 设计滑台移动机械手主程序。

(2) 设计滑台移动机械手初始化程序。

(3) 设计滑台移动机械手回原点程序。

(4) 设计滑台移动机械手自动运行控制程序。

(5) 设计滑台移动机械手手动控制程序。

 技能训练

一、训练目标

(1) 能够正确设计滑台移动机械手控制的 PLC 程序。

(2) 能正确输入和传输 PLC 控制程序。

(3) 能够独立完成滑台移动机械手控制线路的安装。

(4) 按规定进行通电调试，出现故障时，能根据设计要求进行检修，并使系统正常工作。

二、训练步骤与内容

1. 设计 PLC 程序

(1) 分配 PLC 输入、输出端。

(2) 配置 PLC 状态软元件。

(3) 根据控制要求，画出滑台移动机械手自动运行状态转移图。

（4）设计滑台移动机械手控制主程序。

（5）设计滑台移动机械手控制初始化程序。

（6）设计滑台移动机械手回原点程序。

（7）设计滑台移动机械手自动运行控制程序。

2．输入 PLC 程序

（1）启动 STEP 7 Micro/WIN 编程软件。

（2）点击执行"文件"菜单下的"新建"子菜单命令，新建一个项目，并命名为"滑台机械手"。

（3）如图 11-4 所示，点击指令树窗口中的程序块左侧的"＋"号，展开程序块。

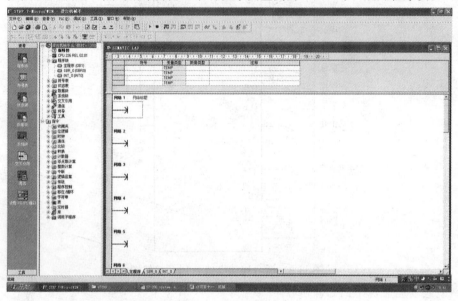

图 11-4　展开程序块

（4）如图 11-5 所示，右键点击程序块目录下的"SER＿0"子程序项，在弹出的快捷菜单中执行"重命名"菜单命令，并将子程序 0 命名为"初始化"子程序。

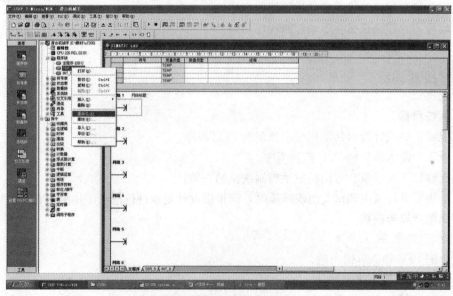

图 11-5　子程序 0 重命名

任务
19

（5）如图 11-6 所示，右键点击程序块目录下的"SER_0"子程序项，在弹出的快捷菜单中执行"插入"菜单下的"子程序"命令，插入子程序 SER_1 并将子程序 1 命名为"回原点程序"子程序。

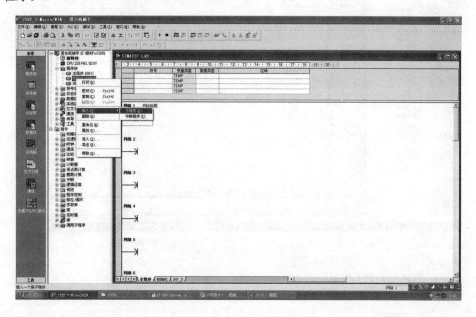

图 11-6　插入子程序 1

（6）如图 11-7 所示，用类似的方法，插入子程序 2，并命名为"自动运行"子程序；插入子程序 3，并命名为"手动程序"子程序。

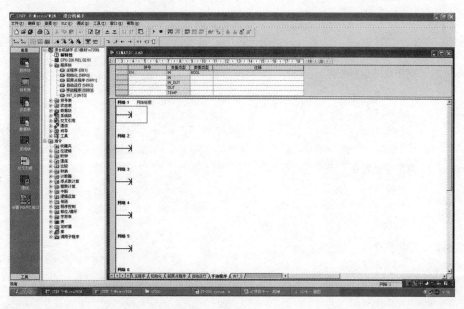

图 11-7　插入子程序 2、3

（7）如图 11-8 所示，展开符号表项目，双击"用户定义 1"，在符号表中定义要使用的变量符号。

（8）在主程序指令表编辑界面，输入滑台移动机械手控制主程序：

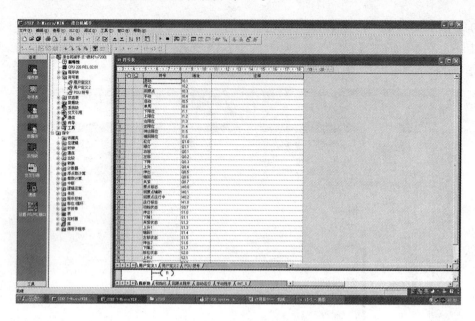

图 11-8　定义变量符号

Network 1 // 调用初始化子程序

| LD | SM0.1 |
| CALL | SBR0 |

Network 2 // 定义原点

LD	I1.2
A	I1.3
A	I1.6
AN	Q0.7
=	M0.0

Network 3 // 调用自动运行程序

LD	I0.5
AN	I0.4
AN	M0.1
CALL	SBR2

Network 4 // 调用手动程序

LD	I0.4
AN	I0.5
CALL	SBR3

Network 5 // 停止程序

LD	I0.2
R	Q0.1, 7
R	Q1.1, 1
R	S0.7, 16
R	M1.0, 1
S	M0.2, 1

Network 6 // 回原点辅助及复位

| LD | I0.3 |

任务
19

```
EU
AN          M0.0
AN          M1.0
S           M0.1, 1
R           S0.7, 16
R           Q0.1, 7
```

Network 7 // 调用回原点程序

```
LD          M0.1
CALL        SBR1
```

Network 8 // 回原点结束复位 M0.1

```
LD          M0.0
LPS
A           T60
ED
R           M0.1, 1
LPP
R           M0.2, 1
```

Network 9 // 回原点运行中，红灯闪烁

```
LD          M0.0
AN          M1.0
LD          M0.2
A           SM0.5
OLD
=           Q1.0
```

（9）双击程序块项目下的"初始化"子程序项，并将编辑界面输入切换到指令表界面，输入初始化子程序：

Network 1 // 初始化程序

```
LD          SM0.0
R           Q0.1, 7
R           S0.7, 16
R           M0.0, 3
R           M1.0, 1
```

（10）双击程序块项目下的"回原点程序"子程序项，并将编辑界面输入切换到指令表编辑界面，输入回原点的子程序：

TITLE = 子程序注释

Network 1 // 回原点程序

```
LD          I0.3
ED
S           M0.3, 1
R           Q1.1, 1
S           Q1.0, 1
```

Network 2 // 机械手上升

```
LD          M0.3
LPS
```

```
AN          I1.2
S           Q0.4, 1
LPP
A           I1.2
R           Q0.4, 1
S           M0.4, 1
Network 3 // 机械手缩回
LD          M0.4
LPS
R           M0.3, 1
AN          I1.6
S           Q0.6, 1
LPP
A           I1.6
R           Q0.6, 1
S           M0.5, 1
Network 4 // 机械手右移
LD          M0.5
LPS
R           M0.4, 1
AN          I1.3
S           Q0.1, 1
LPP
A           I1.3
R           Q0.1, 1
S           M0.6, 1
Network 5 // 回原点延时
LD          M0.6
R           M0.5, 1
A           M0.0
TON         T60, 10
R           Q1.0, 1
S           Q1.1, 1
R           Q0.7, 7
Network 6 // 回原点结束
LD          T60
R           M0.6, 1
```

（11）双击程序块项目下的"自动运行"子程序项，并将编辑界面输入切换到指令表编辑界面，输入自动运行子程序：

```
Network 1 // 自动运行启动
LD          I0.1
A           M0.0
S           S0.7, 1
S           M1.0, 1
```

Network 2 // 关闭红灯 点亮绿灯

```
LD          S0. 7
R           Q1. 0, 1
S           Q1. 1, 1
TON         T37, 5
```

Network 3 // 延时

```
LD          T37
R           S0. 7, 1
S           S1. 0, 1
```

Network 4 // 机械手伸出

```
LD          S1. 0
A           I1. 5
S           S1. 1, 1
```

Network 5 // 机械手下降

```
LD          S1. 1
R           S1. 0, 1
A           I1. 1
S           S1. 2, 1
```

Network 6 // 夹紧

```
LD          S1. 2
R           S1. 1, 1
S           Q0. 7, 1
TON         T41, 10
A           T41
S           S1. 3, 1
```

Network 7 // 机械手上升

```
LD          S1. 3
R           S1. 2, 1
A           I1. 2
S           S1. 4, 1
```

Network 8 // 机械手缩回

```
LD          S1. 4
R           S1. 3, 1
A           I1. 6
S           S1. 5, 1
```

Network 9 // 机械手左移

```
LD          S1. 5
R           S1. 4, 1
=           Q0. 2
A           I1. 4
S           S1. 6, 1
```

Network 10 // 机械手左移

```
LD          S1. 6
R           S1. 5, 1
```

任务
19

```
A          I1.5
S          S1.7, 1
```

Network 11 // 机械手下降
```
LD         S1.7
R          S1.6, 1
A          I1.1
S          S2.0, 1
```

Network 12 // 机械手放松
```
LD         S2.0
R          S1.7, 1
R          Q0.7, 1
TON        T42, 10
A          T42
S          S2.1, 1
```

Network 13 // 机械手上升
```
LD         S2.1
R          S2.0, 1
A          I1.2
S          S2.2, 1
```

Network 14 // 机械手缩回
```
LD         S2.2
R          S2.1, 1
A          I1.6
S          S2.3, 1
```

Network 15 // 机械手右移
```
LD         S2.3
R          S2.2, 1
=          Q0.1
A          I1.3
S          S2.4, 1
```

Network 16 // 选择转移
```
LD         S2.4
LPS
R          S2.3, 1
AN         I0.6
S          S1.0, 1
LPP
A          I0.6
S          S0.7, 1
```

Network 17 // 机械手伸出驱动
```
LD         S1.0
O          S1.6
=          Q0.5
```

Network 18 // 机械手下降驱动

```
LD              S1.1
O               S1.7
=               Q0.3
```

Network 19 // 机械手上升驱动
```
LD              S1.3
O               S2.1
=               Q0.4
```

Network 20 // 机械手缩回驱动
```
LD              S1.4
O               S2.2
=               Q0.6
```

（12）双击程序块项目下的"手动程序"子程序项，并将编辑界面输入切换到指令表编辑界面，输入手动控制子程序：

Network 1 // 手动上升
```
LD              I2.0
AN              I1.2
=               Q0.4
```

Network 2 // 手动下降
```
LD              I2.1
AN              I1.1
=               Q0.3
```

Network 3 // 手动左移
```
LD              I2.2
AN              I1.4
=               Q0.2
```

Network 4 // 手动右移
```
LD              I2.3
AN              I1.3
=               Q0.1
```

Network 5 // 手动伸出
```
LD              I2.4
AN              I1.5
=               Q0.5
```

Network 6 // 手动缩回
```
LD              I2.5
AN              I1.6
=               Q0.6
```

Network 7 // 手动夹紧
```
LD              I2.6
=               Q0.7
```

3. 系统安装与调试

（1）根据 PLC 输入/输出端（I/O）分配画出 PLC 接线图。

（2）按图 11-3 所示 PLC 接线图接线。

（3）将滑台移动机械手 PLC 控制程序下载到 PLC。

（4）使 PLC 处于运行状态。

（5）按下停止按钮 SB2，观察状态元件 S0.7～S2.4 的状态；观察 PLC 的所有输出点的状态变化。

（6）按下回原点按钮 SB3，观察机械手回原点的运行过程。

（7）接通手动控制开关，按下各手动控制按钮，观察机械手的动作。

（8）断开手动控制开关，接通自动运行开关，按下启动按钮 SB1，观察自动运行状态的变化，观察 PLC 的所有输出点的变化，观察机械手自动连续运行过程。

（9）按下停止按钮，按一次回原点按钮，等待机械手回原点。

（10）接通单周运行开关，按下启动按钮 SB1，观察机械手单周运行过程，观察 PLC 输出点的变化。

（11）按下停止按钮，让机械手在任意位置停止。

（12）按回原点按钮，让机械手回原点。

任务 20　旋臂机械手控制

基础知识

一、任务分析

1. 控制要求

如图 11-9 所示，旋臂机械手由气动爪、水平旋转机械手、垂直移动机械手、水平伸缩机械手、阀岛、水平旋转限位开关、垂直限位开关、水平伸缩限位开关、S7-200 系列 PLC、电源模块、按钮模块等组成。

旋臂机械手的原点位置定义为：

垂直移动机械手在垂直方向处于上端极限位；

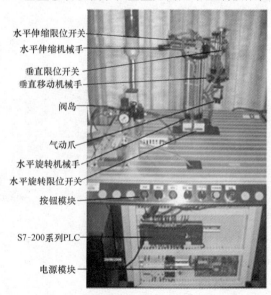

水平伸缩限位开关
水平伸缩机械手
垂直限位开关
垂直移动机械手
阀岛
气动爪
水平旋转机械手
水平旋转限位开关
按钮模块
S7-200系列PLC
电源模块

图 11-9　旋臂机械手

水平旋转机械手处于右端极限位；

水平伸缩机械手处于后端缩回极限位；

气动爪处于放松状态。

旋臂机械手控制要求如下：

（1）按下停止按钮，机械手停止。

（2）停止状态下按下回原点按钮，机械手回原点。

（3）回原点结束后按下启动按钮，水平伸缩机械手向前伸出；伸出到位，垂直移动机械手下移；到位后，夹紧工件，垂直移动机械手上移；上移到位，水平伸缩机械手缩回；缩回到位，水平旋转机械手顺时针旋转到左端；旋转到位，水平伸缩机械手伸出；伸出到位，垂直移动机械手下降；下降到位，放松工件，垂直移动机械手上升；到位后，水平伸缩机械手缩回；缩回到位，水平旋转机械手反时针旋转到右端；旋转到位，完成一次单循环。

（4）如果是自动循环运行，以上流程结束后，再自动重复步骤（3）开始的流程。

（5）具有手动控制功能。

2. 自动运行的状态转移图

旋臂机械手自动运行的状态转移图如图 11-10 所示。

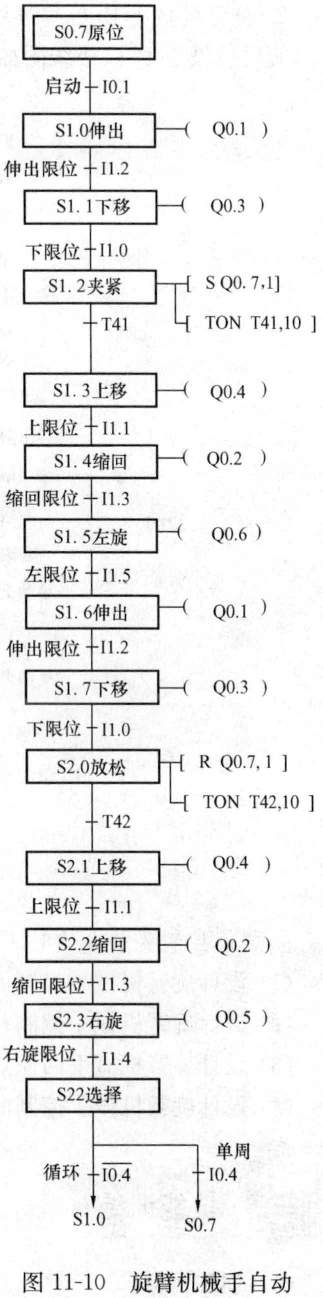

二、用 PLC 控制旋臂机械手

1. PLC 软元件分配

（1）PLC 输入/输出端（I/O）分配见表 11-3。

表 11-3　　　　PLC 输入/输出端（I/O）分配

输　　入		输　　出	
按钮 1	I0.1	电磁阀 1	Q0.1
按钮 2	I0.2	电磁阀 2	Q0.2
按钮 3	I0.3	电磁阀 3	Q0.3
开关 K1	I0.4	电磁阀 4	Q0.4
开关 K2	I0.5	电磁阀 5	Q0.5
开关 K3	I0.6	电磁阀 6	Q0.6
限位开关 1	I1.0	电磁阀 7	Q0.7
限位开关 2	I1.1	指示灯 1	Q1.0
限位开关 4	I1.2	指示灯 2	Q1.1
限位开关 5	I1.3		
限位开关 5	I1.4		
限位开关 6	I1.5		
按钮 4	I2.0		
按钮 5	I2.1		
按钮 6	I2.2		
按钮 7	I2.3		
按钮 8	I2.4		
按钮 9	I2.5		
按钮 10	I2.6		

（2）状态元件分配。其他软元件分配见表 11-4。

表 11-4　　　　　　　　　其他软元件分配

元件名称	软元件	作用	元件名称	软元件	作用
状态 0	S0.7	初始	状态 16	S1.6	伸出
状态 10	S1.0	伸出	状态 17	S1.7	下降
状态 11	S1.1	下降	状态 18	S2.0	放松
状态 12	S1.2	夹紧	状态 19	S2.1	上升
状态 13	S1.3	上升	状态 20	S2.2	缩回
状态 14	S1.4	缩回	状态 21	S2.3	右转
状态 15	S1.5	左转	状态 22	S2.4	选择

右侧状态转移图（图 11-10）：

S0.7 原位
　启动 — I0.1
S1.0 伸出 —（Q0.1）
　伸出限位 — I1.2
S1.1 下移 —（Q0.3）
　下限位 — I1.0
S1.2 夹紧 —[S Q0.7,1]　[TON T41,10]
　T41
S1.3 上移 —（Q0.4）
　上限位 — I1.1
S1.4 缩回 —（Q0.2）
　缩回限位 — I1.3
S1.5 左旋 —（Q0.6）
　左限位 — I1.5
S1.6 伸出 —（Q0.1）
　伸出限位 — I1.2
S1.7 下移 —（Q0.3）
　下限位 — I1.0
S2.0 放松 —[R Q0.7,1]　[TON T42,10]
　T42
S2.1 上移 —（Q0.4）
　上限位 — I1.1
S2.2 缩回 —（Q0.2）
　缩回限位 — I1.3
S2.3 右旋 —（Q0.5）
　右旋限位 — I1.4
S22 选择
　循环 — I̅0̅.̅4̅　　单周 — I0.4
　S1.0　　　　S0.7

图 11-10　旋臂机械手自动运行的状态转移图

任务 20

2. 旋臂机械手 PLC 接线图

旋臂机械手 PLC 接线图如图 11-11 所示。

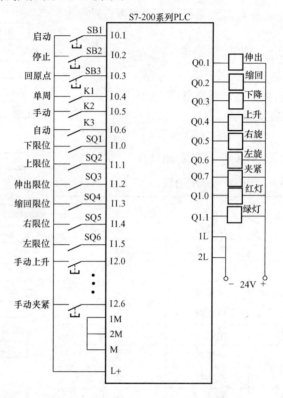

图 11-11　旋臂机械手 PLC 接线图

3. 根据控制要求设计 PLC 控制程序

(1) 设计旋臂机械手控制的主程序。

(2) 设计旋臂机械手控制初始化控制程序。

(3) 设计旋臂机械手回原点控制程序。

(4) 设计旋臂机械手控制的自动运行程序。

 技能训练

一、训练目标

(1) 能够正确设计旋臂机械手控制的 PLC 程序。

(2) 能正确输入和传输 PLC 控制程序。

(3) 能够独立完成旋臂机械手控制线路的安装。

(4) 按规定进行通电调试，出现故障时，能根据设计要求进行检修，并使系统正常工作。

二、训练步骤与内容

1. 设计 PLC 程序

(1) 分配 PLC 输入、输出端。

(2) 配置 PLC 状态软元件。

(3) 根据控制要求，画出旋臂机械手控制的自动运行状态转移图。

（4）设计旋臂机械手控制的主程序。

（5）设计旋臂机械手控制初始化控制、回原点控制程序。

（6）设计旋臂机械手控制的自动运行程序。

（7）设计旋臂机械手控制的手动控制程序。

2．输入 PLC 程序

（1）启动 STEP 7-Micro/WIN 编程软件。

（2）点击执行"文件"菜单下的"新建"子菜单命令，新建一个项目，并命名为"旋臂机械手控制"。

（3）点击指令树窗口中的程序块左边的"＋"号，展开程序块。

（4）右键点击程序块目录下的"SER＿0"子程序项，在弹出的快捷菜单中执行"重命名"菜单命令，并将子程序 0 命名为"初始化"子程序。

（5）右键点击程序块目录下的"SER＿0"子程序项，在弹出的快捷菜单中执行"插入"菜单下的"子程序"命令，插入子程序 SER＿1 并将子程序 1 命名为"回原点程序"子程序。

（6）用类似的方法，插入子程序 2，并命名为"自动运行"子程序；插入子程序 3，并命名为"手动程序"子程序。

（7）展开符号表项目，双击"用户定义 1"，在符号表中定义要使用的变量符号。

（8）在主程序指令表编辑界面，输入旋臂机械手控制的主程序：

```
TITLE＝程序注释
Network 1 // 调用初始化子程序
// 网络注释
LD          SM0.1
CALL        SBR0
Network 2 // 定义原点
LD          I1.1
A           I1.3
A           I1.5
AN          Q0.7
=           M0.0
Network 3 // 调用自动运行程序
LD          I0.6
AN          I0.5
AN          M0.1
CALL        SBR2
Network 4 // 调用手动程序
LD          I0.5
AN          I0.6
CALL        SBR3
Network 5 // 停止程序
LD          I0.2
R           Q0.1, 7
R           Q1.1, 1
R           S0.7, 16
R           M1.0, 1
```

```
S         M0.2, 1
```
Network 6 // 回原点辅助及复位
```
LD        I0.3
EU
AN        M0.0
AN        M1.0
S         M0.1, 1
R         S0.7, 16
R         Q0.1, 7
```
Network 7 // 调用回原点程序
```
LD        M0.1
CALL      SBR1
```
Network 8 // 回原点结束复位 M0.1
```
LD        M0.0
LPS
A         T60
ED
R         M0.1, 1
LPP
R         M0.2, 1
```
Network 9 // 回原点运行中, 红灯闪烁
```
LD        M0.0
AN        M1.0
LD        M0.2
A         SM0.5
OLD
=         Q1.0
```

（9）双击程序块项目下的"初始化"子程序项，并将编辑界面输入切换到指令表界面，输入初始化子程序：

Network 1 // 初始化程序
```
LD        SM0.0
R         Q0.1, 7
R         S0.7, 16
R         M0.0, 3
R         M1.0, 1
```

（10）双击程序块项目下的"回原点程序"子程序项，并将编辑界面输入切换到指令表编辑界面，输入旋臂机械手控制回原点的子程序：

TITLE = 子程序注释
Network 1 // 回原点程序
// 网络注释
```
LD        I0.3
ED
S         M0.3, 1
R         Q1.1, 1
```

```
S          Q1.0, 1
Network 2 // 机械手上升
LD          M0.3
LPS
AN          I1.1
S          Q0.4, 1
LPP
A          I1.1
R          Q0.4, 1
S          M0.4, 1
Network 3 // 机械手缩回
LD          M0.4
LPS
R          M0.3, 1
AN          I1.5
S          Q0.5, 1
LPP
A          I1.5
R          Q0.5, 1
S          M0.5, 1
Network 4 // 机械手右移
LD          M0.5
LPS
R          M0.4, 1
AN          I1.3
S          Q0.2, 1
LPP
A          I1.3
R          Q0.2, 1
S          M0.6, 1
Network 5 // 回原点延时
LD          M0.6
R          M0.5, 1
A          M0.0
TON         T60, 10
R          Q1.0, 1
S          Q1.1, 1
R          Q0.7, 7
Network 6 // 回原点结束
LD          T60
R          M0.6, 1
```

（11）双击程序块项目下的"自动运行程序"子程序项，并将编辑界面输入切换到指令表编辑界面，输入旋臂机械手控制自动运行控制子程序：

TITLE = 子程序注释

Network 1 // 自动运行启动

// 网络注释

LD	I0.1
A	M0.0
S	S0.7, 1
S	M1.0, 1

Network 2 // 关闭红灯 点亮绿灯

LD	S0.7
R	Q1.0, 1
S	Q1.1, 1
TON	T37, 5

Network 3 // 延时

LD	T37
R	S0.7, 1
S	S1.0, 1

Network 4 // 机械手伸出

LD	S1.0
A	I1.2
S	S1.1, 1

Network 5 // 机械手下降

LD	S1.1
R	S1.0, 1
A	I1.0
S	S1.2, 1

Network 6 // 夹紧

LD	S1.2
R	S1.1, 1
S	Q0.7, 1
TON	T41, 10
A	T41
S	S1.3, 1

Network 7 // 机械手上升

LD	S1.3
R	S1.2, 1
A	I1.1
S	S1.4, 1

Network 8 // 机械手缩回

LD	S1.4
R	S1.3, 1
A	I1.3
S	S1.5, 1

Network 9 // 机械手左转

LD	S1.5
R	S1.4, 1

```
=        Q0.6
A        I1.4
S        S1.6, 1
```
Network 10 // 机械手伸出
```
LD       S1.6
R        S1.5, 1
A        I1.2
S        S1.7, 1
```
Network 11 // 机械手下降
```
LD       S1.7
R        S1.6, 1
A        I1.0
S        S2.0, 1
```
Network 12 // 机械手放松
```
LD       S2.0
R        S1.7, 1
R        Q0.7, 1
TON      T42, 10
A        T42
S        S2.1, 1
```
Network 13 // 机械手上升
```
LD       S2.1
R        S2.0, 1
A        I1.1
S        S2.2, 1
```
Network 14 // 机械手缩回
```
LD       S2.2
R        S2.1, 1
A        I1.3
S        S2.3, 1
```
Network 15 // 机械手右转
```
LD       S2.3
R        S2.2, 1
=        Q0.1
A        I1.5
S        S2.4, 1
```
Network 16 // 选择转移
```
LD       S2.4
LPS
R        S2.3, 1
AN       I0.4
S        S1.0, 1
LPP
A        I0.4
```

```
S              S0.7, 1
```

Network 17 // 机械手伸出驱动

```
LD             S1.0
O              S1.6
=              Q0.1
```

Network 18 // 机械手下降驱动

```
LD             S1.1
O              S1.7
=              Q0.3
```

Network 19 // 机械手上升驱动

```
LD             S1.3
O              S2.1
=              Q0.4
```

Network 20 // 机械手缩回驱动

```
LD             S1.4
O              S2.2
=              Q0.2
```

（12）双击程序块项目下的"手动程序"子程序项，并将编辑界面输入切换到指令表编辑界面，输入旋臂机械手控制手动控制子程序：

Network 1 // 手动上升

```
LD             I2.0
AN             I1.1
=              Q0.4
```

Network 2 // 手动下降

```
LD             I2.1
AN             I1.0
=              Q0.3
```

Network 3 // 手动左移：

```
LD             I2.2
AN             I1.4
=              Q0.6
```

Network 4 // 手动右移

```
LD             I2.3
AN             I1.5
=              Q0.5
```

Network 5 // 手动伸出

```
LD             I2.4
AN             I1.2
=              Q0.1
```

Network 6 // 手动缩回

```
LD             I2.5
AN             I1.3
=              Q0.2
```

Network 7 // 手动夹紧

任务
20

LD   I2.6
=   Q0.7

3. 系统安装与调试

（1）根据 PLC 输入/输出端（I/O）分配画出旋臂机械手接线图。

（2）按旋臂机械手接线图接线。

（3）将旋臂机械手 PLC 控制程序下载到 PLC。

（4）使 PLC 处于运行状态。

（5）按下停止按钮 SB2，观察状态元件 S0.7～S2.4 的状态；观察 PLC 的所有输出点的状态变化。

（6）按下回原点按钮 SB3，观察旋臂机械手回原点的运行过程。

（7）接通手动控制开关，按下各手动控制按钮，观察旋臂机械手的动作。

（8）断开手动控制开关，接通自动运行开关，按下启动按钮 SB1，观察自动运行状态的变化，观察 PLC 的所有输出点的变化，观察旋臂机械手自动连续运行过程。

（9）按下停止按钮，再按一次回原点按钮，等待旋臂机械手回原点。

（10）接通单周运行开关，按下自动运行的启动按钮 SB1，观察旋臂机械手单周运行过程，观察 PLC 输出点的变化。

（11）按下停止按钮，让旋臂机械手在任意位置停止。

（12）按回原点按钮，让旋臂机械手回原点。

 技能提高训练

1. 将旋臂机械手自动运行的状态转移图转换为旋臂机械手自动运行的梯形图程序。

2. 根据旋臂机械手 PLC 控制自动运行的梯形图，画出自动运行的状态转移图。

3. 根据旋臂机械手 PLC 控制自动运行的指令表程序，画出自动运行的状态转移图。

任务
20

项目十二 步进电动机控制

学习目标

(1) 学习步进电动机基础知识。

(2) 学会使用晶体管输出型 PLC。

(3) 学会应用西门子 PLC 的高速脉冲输出指令。

(4) 学会用 PLC 控制步进电动机。

(5) 学会用步进电动机和 PLC 定位控制机械手。

任务 21　控制步进电动机

基础知识

一、任务分析

1. 控制要求

(1) 步进电动机采用四相 8 拍运行时序，快速运行为 20 步/s，慢速运行为 2 步/s。

(2) 按下正向运行按钮，步进电动机正向低速运行。

(3) 按下反向运行按钮，步进电动机反向低速运行。

(4) 按下停止按钮，步进电动机停止。

(5) 接通快速运行开关，按下正向运行按钮，步进电动机正向高速运行。

(6) 接通快速运行开关，按下反向运行按钮，步进电动机反向高速运行。

2. 步进电动机的工作原理

步进电动机是将电脉冲信号转变为角位移或线位移的开环控制元件。

在非超载的情况下，电动机的转速、停止的位置只取决于脉冲信号的频率和脉冲数，而不受负载变化的影响，即给电动机加一个脉冲信号，电动机则转过一个步距角。由于这一线性关系的存在，加上步进电动机只有周期性的误差而无累积误差等特点，其在速度、位置等控制领域应用起来非常简

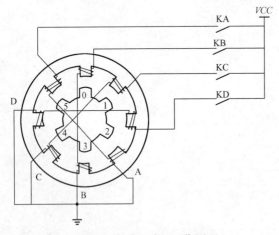

图 12-1　步进电动机工作原理

单，因此得到了广泛应用。

四相步进电动机采用单极性直流电源供电，只要对步进电动机的各相绕组按合适的时序通电，就能使步进电动机步进转动。图 12-1 所示为该四相步进电动机工作原理工作过程如下：

开始时，开关 KB 接通电源，KA、KC、KD 断开，B 相磁极和转子 0、3 号齿对齐，同时，转子的 1、4 号齿和 C、D 相绕组磁极产生错齿，2、5 号齿和 D、A 相绕组磁极产生错齿。

当开关 KC 接通电源，KB、KA、KD 断开时，由于 C 相绕组的磁力线和 1、4 号齿之间磁力线的作用，使转子转动，1、4 号齿和 C 相绕组的磁极对齐。而 0、3 号齿和 A、B 相绕组产生错齿，2、5 号齿和 A、D 相绕组磁极产生错齿。依次类推，A、B、C、D 四相绕组轮流供电，则转子会沿着 A、B、C、D 方向转动。

3. 步进电动机的控制

四相步进电动机按照通电顺序的不同，可分为单四拍、双四拍、八拍三种工作方式。单四拍与双四拍的步距角相等，但单四拍的转动力矩小。八拍工作方式的步距角是单四拍与双四拍的一半，因此，八拍工作方式既可以保持较高的转动力矩，又可以提高控制精度。

单四拍工作方式的电源通电时序是：步进电动机按 A→B→C→D→A 时序循环通电时，电动机正转；按 A→D→C→B→A 时序循环通电时，电动机反转。

双四拍工作方式的电源通电时序是：步进电动机按 AB→BC→CD→DA→AB 时序循环通电时，电动机正转；按 AD→DC→CB→BA→AD 时序循环通电时，电动机反转。

八拍工作方式的电源通电时序是：步进电动机按 A→AB→B→BC→C→CD→D→DA→A 时序循环通电时，电动机正转；按 A→AD→D→DC→C→CB→B→BA→A 时序循环通电时，电动机反转。

二、PLC 步进电动机控制

1. PLC 输入/输出端（I/O）分配

PLC 输入/输出端（I/O）分配见表 12-1。

表 12-1　　　　　　　　　PLC 输入/输出端（I/O）分配

输　　入		输　　出	
正向启动按钮	I0.1	A 相线圈驱动	Q0.0
反向启动按钮	I0.2	B 相线圈驱动	Q0.1
停止按钮	I0.3	C 相线圈驱动	Q0.2
速度控制开关	I0.4	D 相线圈驱动	Q0.3

2. PLC 其他软元件分配

PLC 其他软元件见表 12-2。

表 12-2　　　　　　　　　PLC 其他软元件分配

软　元　件	符　号	元　件　作　用
辅助继电器 1	M0.1	正向运行
辅助继电器 2	M0.2	反向运行
辅助继电器 3	M0.3	移位脉冲
辅助继电器 4	M0.4	移位数据
辅助继电器 10~17	M1.0~M1.7	时序控制
定时器 1	T35	脉冲定时
定时器 2	T36	脉冲定时
定时参数 1	VW10	定时器 1 设定值
定时参数 2	VW12	定时器 2 设定值

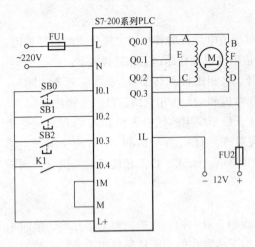

3. PLC 接线图

步进电动机控制 PLC 接线图如图 12-2 所示。

4. 根据控制要求设计步进电动机控制程序

(1) 设计停止程序。停止梯形图如图 12-3 所示。

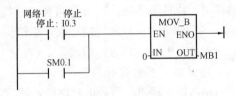

图 12-3 停止

图 12-2 步进电动机控制 PLC 接线图

注意：停止或上电时，要使移位数据为零。

(2) 设计正、反向运行辅助控制程序。分析正、反向运行辅助控制要求，应用继电器启停控制函数设计正、反向运行辅助控制程序。

正向运行辅助控制函数为

$$M0.1 = (I0.1 + M0.1) \cdot \overline{I0.2} \cdot \overline{I0.3}$$

反向运行辅助控制函数为

$$M0.2 = (I0.2 + M0.2) \cdot \overline{I0.1} \cdot \overline{I0.3}$$

正、反向运行辅助控制梯形图如图 12-4 所示。

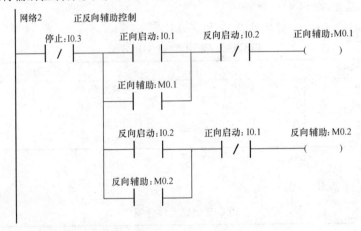

图 12-4 正、反向运行辅助控制梯形图

(3) 设计快速、慢速运行定时参数传输程序。快速运行的时钟脉冲周期是 50ms，因此定时参数分别取 2、3；慢速运行的时钟脉冲周期是 500ms，因此定时参数分别取 20、30。

快速、慢速运行定时参数传输梯形图如图 12-5 所示。

(4) 设计移位时序脉冲产生程序。移位时序脉冲产生程序的梯形图如图 12-6 所示。

(5) 设计移位初始数据传送程序。移位初始数据传送程序如图 12-7 所示。

(6) 设计移位时序控制程序。正向移位时序控制采用字节循环左移指令，反向移位时序控制采用字节循环右移指令，移位时序控制梯形图如图 12-8 所示。

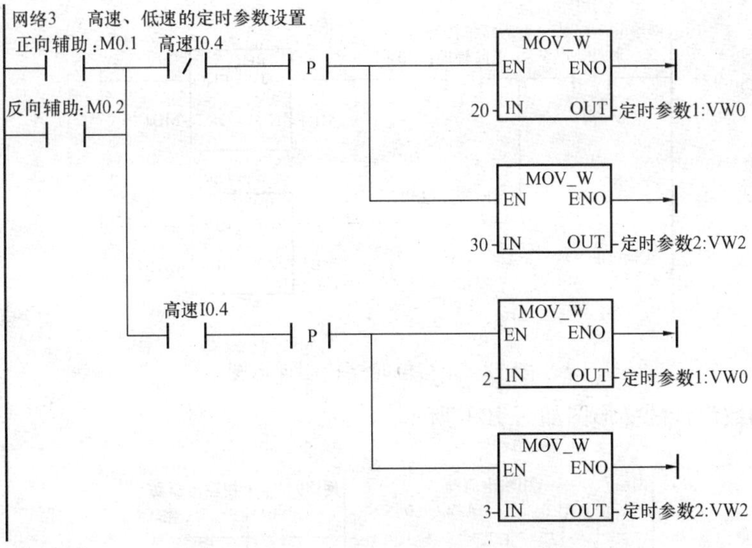

网络3 高速、低速的定时参数设置

正向辅助：M0.1 高速I0.4 P

反向辅助：M0.2

MOV_W
EN ENO
20 IN OUT 定时参数1：VW0

MOV_W
EN ENO
30 IN OUT 定时参数2：VW2

高速I0.4 P

MOV_W
EN ENO
2 IN OUT 定时参数1：VW0

MOV_W
EN ENO
3 IN OUT 定时参数2：VW2

图 12-5 快速、慢速运行定时参数传输梯形图

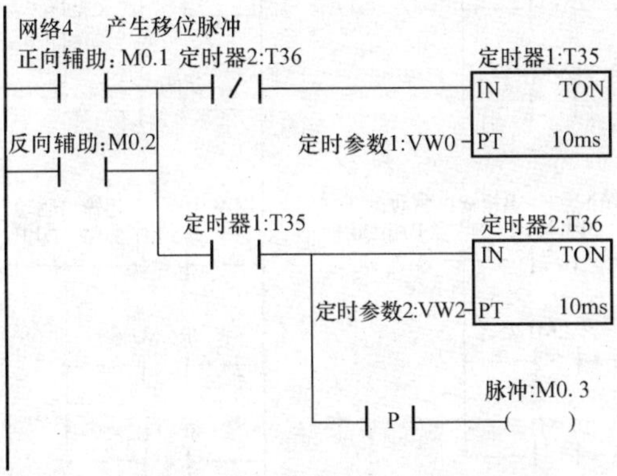

网络4 产生移位脉冲

正向辅助：M0.1 定时器2：T36

反向辅助：M0.2

定时器1：T35
IN TON
定时参数1：VW0 PT 10ms

定时器1：T35

定时器2：T36
IN TON
定时参数2：VW2 PT 10ms

P 脉冲：M0.3 ( )

图 12-6 移位时序脉冲产生程序梯形图

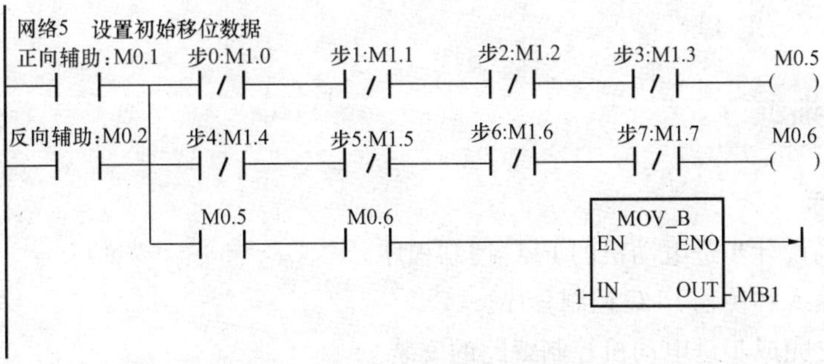

网络5 设置初始移位数据

正向辅助：M0.1 步0：M1.0 步1：M1.1 步2：M1.2 步3：M1.3 M0.5 ( )

反向辅助：M0.2 步4：M1.4 步5：M1.5 步6：M1.6 步7：M1.7 M0.6 ( )

M0.5 M0.6

MOV_B
EN ENO
1 IN OUT MB1

图 12-7 移位初始数据传送程序

（7）设计 PLC 步进电动机输出控制程序。根据 PLC 步进电动机输出控制控制要求，写出步进输出控制函数：

$$Q0.0 = M1.0 + M1.1 + M1.7$$
$$Q0.1 = M1.1 + M1.2 + M1.3$$
$$Q0.2 = M1.3 + M1.4 + M1.5$$
$$Q0.3 = M1.5 + M1.6 + M1.7$$

任务 21

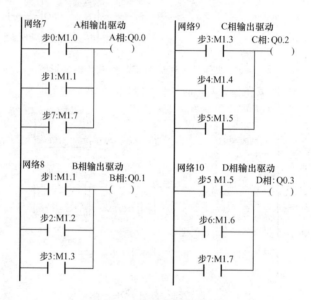

图 12-8　移位时序控制梯形图

根据控制函数设计的梯形图如图 12-9 所示。

图 12-9　输出控制梯形图

 技能训练

- -

一、训练目标

（1）能够正确设计步进电动机的 PLC 控制程序。

（2）能正确输入和传输 PLC 控制程序。

（3）能够独立完成步进电动机控制线路的安装。

（4）按规定进行通电调试，出现故障时，能根据设计要求进行检修，并使系统正常工作。

二、训练步骤与内容

1. 设计 PLC 步进电动机控制程序

（1）确定 PLC 输入、输出点。

（2）配置 PLC 辅助继电器、定时器。

（3）设计停止程序。

（4）设计正、反向运行辅助控制程序。

（5）设计快速、慢速运行定时参数传输程序。

（6）设计移位时序脉冲产生程序。

（7）设计移位初始数据设置程序。

（8）设计移位时序控制程序。

（9）设计 PLC 步进电动机输出控制程序。

2. 安装、调试与运行

（1）按图 12-2 所示的 PLC 接线图接线。

（2）将步进电动机控制程序下载到 PLC。

（3）使 PLC 处于运行状态。

（4）按下正向运行启动按钮 SB1，观察 PLC 输出 Q0.0～Q0.3 的变化，观察步进电动机的正向低速运行。

（5）按下反向运行启动按钮 SB2，观察 PLC 输出 Q0.0～Q0.3 的变化，观察步进电动机的反向低速运行。

（6）按下停止按钮 SB3，观察步进电动机是否停止。

（7）接通快速运行开关 K1，按下正向运行启动按钮 SB1，观察 PLC 输出 Q0.0～Q0.3 的变化，观察步进电动机的正向快速运行。

（8）按下停止按钮 SB3，观察步进电动机是否停止。

（9）接通快速运行开关 K1，按下反向运行启动按钮 SB2，观察 PLC 输出 Q0.0～Q0.3 的变化，观察步进电动机的反向快速运行。

（10）按下停止按钮 SB3，观察步进电动机是否停止。

（11）使 PLC 处于 STOP 状态，修改定时器的设置参数，并下载程序到 PLC。

（12）重新运行 PLC，并依次执行步骤（4）～步骤（10）的操作，观察 PLC 输出点的变化，观察步进电动机的运行。

任务22 步进电动机定位机械手控制

 基础知识

一、任务分析

1. 控制要求

步进电动机定位机械手由步进电动机驱动器驱动步进电动机控制的水平机械手、气缸控制的垂直机械手、气缸控制的气动手指、阀岛、PLC、电源模块等组成。

滚珠丝杠由步进电动机驱动，通过步进电动机驱动器，每 200 脉冲驱动步进电动机带动丝杠移动 1mm。

步进电动机控制的机械手的原位定义为：

水平机械手处于右限位，垂直机械手位于上端极限位，气动爪处于放松状态。

机械手的控制要求如下：

（1）按下回原点按钮，机械手回原点。

（2）按下启动按钮，由垂直移动气缸控制垂直机械手的向下移动，下移到位，气动手指夹紧工件，延时 1s，垂直机械手上移，上移到位，由步进电动机控制水平机械手沿水平方向的左移

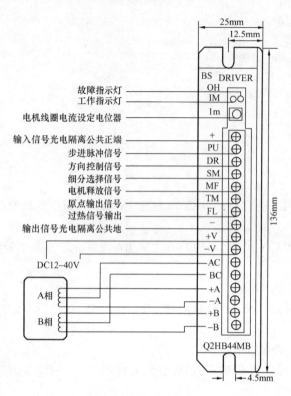

图 12-10　白山步进电动机驱动器接线图

20cm，左移到位，垂直机械手下移；下移到位；释放工件，延时 1s，垂直机械手上移，上移到位，水平机械手右移 20cm，右移到位，完成一次单循环；如果是自动循环工作，重复上述工艺过程。

（3）按下停止按钮，机械手停止。

2. 步进电动机驱动器

白山 Q2HB44MA（B）型驱动器为等角度恒力矩细分型驱动器，驱动电压 DC12～40V，适合驱动 6 或 8 引出线、电流在 4A 以下、外径 42～86mm 的各种型号的二相混合式步进电动机。该驱动器内部采用独特的控制电路，用此电路可以使电动机噪声减小，电动机运行更平稳，电动机的高速性能可提高 30% 以上，而驱动器的发热可减少 50%。白山 Q2HB44MA（B）型步进电动机驱动器广泛运用于雕刻机、激光打印机等分辨率较高的小型数控设备上。

白山步进电动机驱动器接线图如图 12-10 所示。

二、PLC 高速脉冲输出指令

1. 高速脉冲输出指令

高速脉冲输出是指在 PLC 的某个输出端产生高速脉冲，用于驱动负载实现精确定位控制，在运动控制中具有广泛的应用。

应用高速脉冲输出控制时，必须使用晶体管输出型 PLC，以满足高速脉冲输出的要求。

高速脉冲指令的梯形图如图 12-11 所示。

高速脉冲指令的助记符是 PLS。

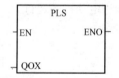

图 12-11　高速脉冲指令梯形图

高速脉冲输出指令检测 PLC 程序设置的高速脉冲输出特殊存储器的状态位，激活由控制位定义的脉冲操作，通过 PLC 的 Q0.0 或 Q0.1 输出高速脉冲。当 Q0.0 或 Q0.1 用于输出高速脉冲时，则位逻辑输出功能被禁止，强制输出、立即输出、输出刷新等指令对 Q0.0 或 Q0.1 均不起作用。只有当 Q0.0 或 Q0.1 不用于高速脉冲输出时才可用于位逻辑输出点用。

高速脉冲输出有 PTO 脉冲串输出和 PWM 脉冲宽度调制输出两种形式。

如图 12-12 所示的 PTO 脉冲串输出，其输出的脉冲占空比 50% 的一串脉冲，高电平持续时间与脉冲间歇休止时间均为 50%，用户可以控制脉冲的数量和周期。

如图 12-13 所示的 PWM 脉冲宽度调制输出，其输出一串占空比可调（或脉冲周期可调）的脉冲，用户可以控制脉冲的周期 T 和宽度 W。

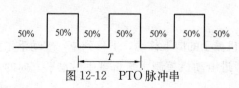

图 12-12　PTO 脉冲串

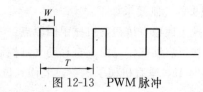

图 12-13　PWM 脉冲

2. 高速脉冲输出控制

S7-200 系列 PLC 为每个高速脉冲发生器配置了一定数量的特殊内存以存储数据，数据由一个控制字节（8 位数据）、一个脉冲计数值（32 位数据）、一个脉冲周期时间值（16 位数据）和一个脉冲宽度值（16 位数据）构成。

在启用 PTO/PWM 之前，先使 Q0.0、Q0.1 清零，所有的控制位、脉冲周期、脉冲宽度、脉冲数默认值均为零。

PTO/PWM 控制寄存器见表 12-3。

表 12-3   **PTO/PWM 控制寄存器**

Q0.0	Q0.1	状 态 位	
SM66.4	SM76.4	PTO 增量计算周期错误	0＝无错　1＝中止
SM66.5	SM76.5	PTO 由于用户命令中止	0＝无中止　1＝中止
SM66.6	SM76.6	PTO 线管溢出	0＝无溢出　1＝溢出
SM66.7	SM76.7	PTO 执行状态	0＝执行中　1＝空闲（没执行）
Q0.0	Q0.1	控制字节	
SM67.0	SM77.0	PTO/PWM 更新周期	0＝禁止更新　1＝允许更新
SM67.1	SM77.1	PWM 更新脉冲宽度	0＝禁止更新　1＝允许更新
SM67.2	SM77.2	PTO 更新脉冲数	0＝禁止更新　1＝允许更新
SM67.3	SM77.3	PTO/PWM 时基选择	0＝1us　1＝1ms
SM67.4	SM77.4	PTO/PWM 更新方法	0＝异步更新　1＝同步更新
SM67.5	SM77.5	PTO 单段、多段选择	0＝单段操作　1＝多段操作
SM67.7	SM77.6	PTO/PWM 选择	0＝PTO　1＝PWM
SM67.7	SM77.7	PTO 和 PWM 禁止允许	0＝禁止　1＝允许
Q0.0	Q0.1	相关寄存器	
SMW68	SMW78	单段 PTO/PWM 周期时间	（2～65 535）
SMW70	SMW80	PWM 脉冲宽度	（0～65 535）
SMD72	SMD82	单段 PTO 脉冲数	（1～4 294 967 295）
SMB166	SMB176	多段 PTO 操作中，进行的段数	
SMW168	SMW178	多段 PTO 操作，轮廓表首地址	

PLS 指令读取特殊寄存器 SM 中的数据，并以此为 PTO/PWM 脉冲发生器编程。SMB67 控制 Q0.0 的 PTO/PWM，SMB77 控制 Q0.1 的 PTO/PWM。相关寄存器控制 PTO/PWM 的相关操作。

通过修改 SM 区（包括控制字节）中的数据，然后执行高速脉冲输出 PLS 指令，可以改变输出波形特征。通过向控制字节的启用位写入 0，然后执行 PLS 指令，可以在任何时候禁止 PTO/PWM 输出。

控制字节数据设置与执行 PLS 指令结果见表 12-4。

表 12-4　　　　　　　　　　**控制字节设置与执行 PLS 指令结果**

控制字节	执行 PLS 结果							
	允许	选择	PTO	PWM	时基	脉冲数	宽度	周期
16♯81	允许	PTO	单段		1μs			更新
16♯84	允许	PTO	单段		1μs	更新		
16♯85	允许	PTO	单段		1μs	更新		更新
16♯89	允许	PTO	单段		1ms			更新
16♯8C	允许	PTO	单段		1ms	更新		
16♯8D	允许	PTO	单段		1ms	更新		更新
16♯A0	允许	PTO	多段		1μs			
16♯A8	允许	PTO	多段		1ms			
16♯D1	允许	PWM		同步	1μs			更新
16♯D2	允许	PWM		同步	1μs		更新	
16♯D3	允许	PWM		同步	1μs		更新	更新
16♯D9	允许	PWM		同步	1ms			更新
16♯DA	允许	PWM		同步	1ms		更新	
16♯DB	允许	PWM		同步	1ms		更新	更新

（1）PTO 模式。

1）脉冲周期设置值为 $10 \sim 65\ 535 \mu s$ 或 $2 \sim 65\ 535 ms$。如果将脉冲周期设置为奇数（如 11ms），会引起工作失真。

2）脉冲数设置值为 $1 \sim 4\ 294\ 967\ 295$（$2^{32}-1$）。

3）判断 PTO 是否完成有两种方法：

a. 可在单段脉冲串（或多段脉冲串）输出完毕时激活中断程序；

b. 监控特殊继电器（SM66.7 或 SM76.7）中的 PTO 空闲状态标志位，如果 PTO 空闲状态标志位为 1，表明 PTO 脉冲串输出已完成。

4）PTO 允许单段脉冲输出。当现用脉冲串输出完毕，新的脉冲串允许立即输出，即可以保证后续脉冲输出的连续性。

5）PTO 也允许多段脉冲输出。在多段脉冲输出中，可以一次性在轮廓表中将每段脉冲输出参数设置完毕，由此简化程序设计。

6）单段 PTO 输出：

a. 单段 PTO 脉冲输出。在单段 PTO 脉冲输出中，初始 PTO 段一旦开始，必须按照对第二串脉冲的要求立即修改 SM 参数，并再次执行 PLS 指令，第二串脉冲特征被保留在管线中，直到第一串脉冲输出完成。管线中每次只能存储一个脉冲串的特征参数。第一串脉冲输出一旦完成，第二串脉冲输出立即开始，管线可用于存储新的脉冲串特征参数。

b. 输出端为 Q0.0 的单段 PTO 脉冲输出初始化操作。建议使用初始化脉冲 SM0.1，将输出 Q0.0 初始化为 0，并调用初始化子程序。当使用初始化子程序时，其后的程序不再调用该子程序，这样可减少程序扫描时间。但如果应用程序可能有其他需求，要求初始化脉冲输出，可再次调用初始化子程序。

c. 建立 Q0.0 的单段 PTO 脉冲输出初始化子程序的步骤如下：

a) 将脉冲数、脉冲周期可更新的控制字 16#85（微秒递增）或 16#8D（毫秒递增）写入控制字节 SMB67；

b) 初始化周期值写入 SMW68；

c) 把需要输出的脉冲数写入 SMD72；

d) 如果希望脉冲输出完毕立即执行相关操作，可以将中断号 19 的脉冲串输出完成事件附加给中断程序，为中断编写程序，使用中断连接指令 ATCH 连接相关中断事件处理程序，并执行全局中断启用指令 ENI；

e) 执行 PLS 指令，激活 PTO 脉冲输出；

f) 退出子程序。

d. 通过使用中断程序或子程序改变脉冲周期的方法是：

a) 将脉冲周期可更新的控制字 16#81（微秒递增）或 16#89（毫秒递增）写入控制字节 SMB67；

b) 新的周期值写入 SMW68；

c) 执行 PLS 指令，激活 PTO 脉冲输出，S7-200 系列 PLC 在完成所有进行中 PTO 的脉冲数后，开始启用新周期发脉冲；

d) 退出中断程序或子程序。

e. 通过使用中断程序或子程序改变脉冲数的方法是：

a) 将脉冲数可更新的控制字 16#84(微秒递增)或 16#8C(毫秒递增)写入控制字节 SMB67；

b) 新的脉冲数值写入 SMD72；

c) 执行 PLS 指令，激活 PTO 脉冲输出，S7-200 系列 PLC 在完成所有进行中 PTO 的脉冲数后，开始启用新的脉冲数发脉冲；

d) 退出中断程序或子程序。

7）多段 PTO 输出。

建立 Q0.0 的多段 PTO 脉冲输出的子程序的步骤如下：

a. 将多段脉冲输出的控制字 16#A0（微秒递增）或 16#A8（毫秒递增）写入控制字节 SMB67；

b. 轮廓开始字节地址写入 SMW168；

c. 把轮廓表的总段数写入第一个内存字节，把各段特征参数分别写入轮廓表中；

d. 如果希望脉冲输出完毕立即执行相关操作，可以将中断号 19 的脉冲串输出完成事件附加给中断程序，为中断编写程序，使用中断连接指令 ATCH 连接相关中断事件处理程序，并执行全局中断启用指令 ENI；

e. 执行 PLS 指令，激活 PTO 脉冲输出；

f. 退出子程序。

（2）PWM 模式。PWM 提供连续脉冲输出。在脉冲输出的同时，允许改变脉冲周期、宽度。

脉冲周期、宽度的时基可以设定为微秒（μs）或毫秒（ms），在需要改变时以设定时基及参数进行更新。脉冲周期设置值为 10～65 535μs 或 2～65 535ms。脉冲宽度设置值为 0～65 535μs 或 0～65 535ms。如果脉冲周期小于 2 个时间单位，脉冲周期自动设置为 2 个时间单位。

通过初始化脉冲 SM0.1，将输出 Q0.0 初始化为 0，并调用初始化子程序，可以控制 Q0.0 的 PWM 脉冲输出。

a. 同步更新脉冲周期和宽度的 PWM 脉冲输出的具体操作如下：

a）将脉冲周期、脉冲宽度可更新的控制字 16♯D3（微秒递增）或 16♯DB（毫秒递增）写入控制字节 SMB67；

b）初始化周期值写入 SMW68；

c）把需要输出的脉冲宽度值写入 SMW70；

d）执行 PLS 指令，激活 PWM 脉冲输出；

e）退出子程序。

b. 只同步更新脉冲宽度的 PWM 脉冲输出的操作如下：

a）将更新脉冲宽度 PWM 脉冲输出的控制字 16♯D2（微秒递增）或 16♯DA（毫秒递增）写入控制字节 SMB67；

b）把需要输出的脉冲宽度值写入 SMW70；

c）执行 PLS 指令，激活 PWM 脉冲输出；

d）退出更新脉冲宽度子程序。

c. 只同步更新脉冲周期的 PWM 脉冲输出的操作如下：

a）将更新脉冲周期 PWM 脉冲输出的控制字 16♯D1（微秒递增）或 16♯D9（毫秒递增）写入控制字节 SMB67；

b）把需要输出的脉冲周期值写入 SMW68；

c）执行 PLS 指令，激活 PWM 脉冲输出；

d）退出更新脉冲周期子程序。

异步更新脉冲周期、宽度的 PWM 脉冲输出时，可以写入控制字 16♯CX 到 SMB67。

三、PLC 步进电动机定位机械手控制

（1）PLC 输入/输出端（I/O）分配见表 12-5。

（2）PLC 步进电动机定位机械手控制的接线图如图 12-14 所示。

（3）PLC 步进电动机定位机械手控制自动循环运行状态转移图如图 12-15 所示。

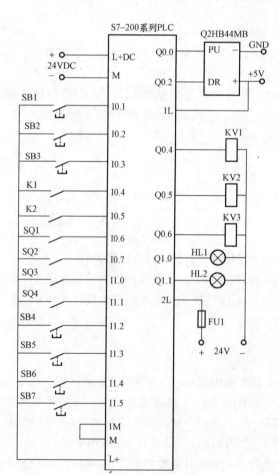

图 12-14 PLC 步进电动机定位机械手控制的接线图

表 12-5 PLC 输入/输出端（I/O）分配

输	入	输	出
启动按钮	I0.1	脉冲输出	Q0.0
停止按钮	I0.2	步进电动机方向	Q0.2
回原点按钮	I0.3	下移电磁阀	Q0.4
手动/自动	I0.4	上移电磁阀	Q0.5
单周/连续	I0.5	夹紧电磁阀	Q0.6
下限位开关	I0.6	运行指示灯	Q1.0
上限位开关	I0.7	停止指示灯	Q1.1
左移限位	I1.0		
右移限位	I1.1		
手动上升	I1.2		
手动下降	I1.3		
手动左移	I1.4		
手动右移	I1.5		

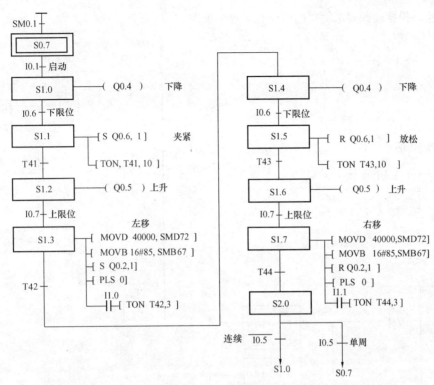

图 12-15 PLC 步进电动机定位机械手控制自动循环运行状态转移图

 技能训练

一、训练目标

（1）能够正确设计步进电动机定位机械手控制的 PLC 程序。

（2）能正确输入和传输 PLC 控制程序。

（3）能够独立完成步进电动机定位机械手控制线路的安装。

（4）按规定进行通电调试，出现故障时，能根据设计要求进行检修，并使系统正常工作。

二、训练步骤与内容

1. 设计 PLC 步进电动机定位机械手控制程序

（1）确定 PLC 输入、输出端。

（2）配置 PLC 辅助继电器、定时器。

（3）设计步进电动机初始化子程序。

步进电动机初始化子程序梯形图如图 12-16 所示。

（4）设计回原点子程序。回原点的动作要求是：按下回原点按钮，垂直机械手上升，上升到上限位停止；水平机械手通过步进电动机驱动，运行

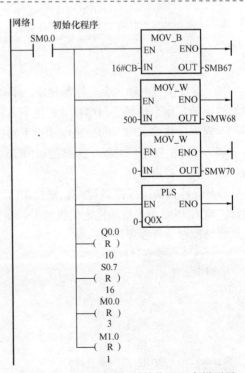

图 12-16 步进电动机初始化子程序梯形图

到原点停止。根据动作要求编写的回原点子程序如图 12-17 所示。

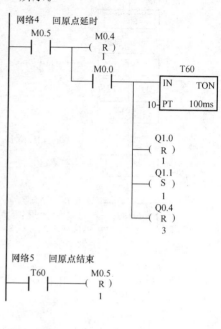

图 12-17　回原点子点子程序

（5）设计步进电动机手动控制程序。手动控制的动作要求是：按下左移按钮，步进电动机带动丝杠正转，水平机械手向左移动；按下右移按钮，步进电动机带动丝杠正转，水平机械手向右移动。根据动作要求编写的步进电动机手动控制程序梯形图如图 12-18 所示。

（6）设计主程序。主程序梯形图如图 12-19 所示。电动机运行中按下停止按钮，系统停止运行，停止状态指示灯亮。

（7）设计自动运行控制程序。根据 PLC 步进电动机定位机械手控制自动运行状态转移图，设计并输入 PLC 步进电动机定位机械手控制程序。

自动控制运行程序如下：

```
Network 1 // 自动运行启动
// 网络注释
LD        I0.1
A         M0.0
S         S0.7, 1
S         M1.0, 1
Network 2 // 关闭红灯　点亮绿灯
LD        S0.7
```

任务
22

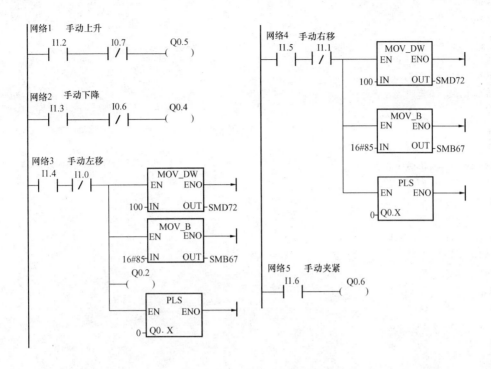

图 12-18　步进电动机手动控制程序梯形图

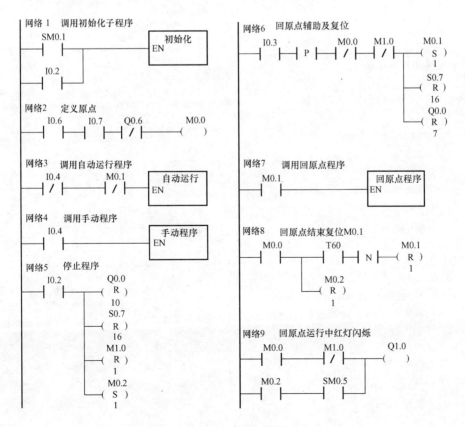

图 12-19　主程序

```
R          Q1.0, 1
S          Q1.1, 1
R          S2.0, 1
TON        T37, 5
```

Network 3 // 延时
```
LD         T37
R          S0.7, 1
S          S1.0, 1
```

Network 4 // 机械手下降
```
LD         S1.0
R          S2.0, 1
A          I0.6
S          S1.1, 1
```

Network 5 // 夹紧
```
LD         S1.1
R          S1.0, 1
S          Q0.6, 1
TON        T41, 10
A          T41
S          S1.2, 1
```

Network 6 // 机械手上升
```
LD         S1.2
R          S1.1, 1
A          I0.7
S          S1.3, 1
```

Network 7 // 机械手左移：
// 网络注释
```
LD         S1.3
LPS
R          S1.2, 1
AN         I1.0
EU
MOVD       10000, SMD72
MOVB       16#85, SMB67
S          Q0.2, 1
PLS        0
LRD
LD         I1.0
O          SM66.7
ALD
TON        T42, 3
LPP
A          T42
S          S1.4, 1
```

Network 8 // 机械手下降
```
LD         S1.4
R          S1.3, 1
```

A	I0.6

A   I0.6
S   S1.5, 1

Network 9 // 机械手放松
LD   S1.5
R   S1.4, 1
R   Q0.6, 1
TON   T43, 10
A   T43
S   S1.6, 1

Network 10 // 机械手上升
LD   S1.6
R   S1.5, 1
A   I0.7
S   S1.7, 1

Network 11
LD   S1.7
R   S1.6, 1
A   I1.3
S   S2.4, 1

Network 12 // 机械手右移
// 网络注释
LD   S1.7
LPS
R   S1.6, 1
AN   I1.1
EU
MOVD   10000, SMD72
MOVB   16#85, SMB67
R   Q0.2, 1
PLS   0
LRD
LD   I1.1
O   SM66.7
ALD
TON   T44, 3
LPP
A   T44
S   S2.0, 1

Network 13 // 选择转移
LD   S2.0
LPS
R   S1.7, 1
AN   I0.5
S   S1.0, 1
LPP
A   I0.5
S   S0.7, 1

Network 14 // 机械手上升驱动

```
LD        S1.2
O         S1.6
=         Q0.5
```

Network 15 // 机械手下降驱动

```
LD        S1.0
O         S1.4
=         Q0.4
```

Network 16

2. 安装、调试与运行

（1）按图 12-14 所示的 PLC 步进电动机定位机械手控制接线图接线。

（2）将步进电动机定位机械手控制程序下载到 PLC。

（3）使 PLC 处于运行状态。

（4）切换到手动运行状态。

（5）按下手动左移按钮 SB6，观察步进电动机的运行，观察水平机械手的运行。

（6）按下手动右移按钮 SB7，观察步进电动机的运行，观察水平机械手的运行。

（7）按下回原点按钮 SB3，观察系统回原点过程。

（8）按下停止按钮 SB2，观察系统是否停止。

（9）切换到自动运行状态。

（10）按下启动按钮 SB1，观察 PLC 输出 Q0.0～Q0.6 的变化，观察步进电动机定位机械手的运行。

（11）按下停止按钮，使系统停止运行。

（12）按下回原点按钮，使系统回原点。

（13）切换到单周运行状态。

（14）按下启动按钮，观察 PLC 步进电动机定位机械手的单周运行过程。

（15）按下停止按钮，使系统停止运行。

（16）按下回原点按钮，使系统回原点。

 技能提高训练

分析四相 8 拍步进电动机运行模式下步进电动机各相绕组得电、失电条件，使用 S7-200 系列 PLC 的 RS 触发器指令控制步进电动机的运行。

项目十三 自动生产线控制

学习目标

（1）学习使用光电传感器、光纤传感器、金属非金属检测传感器。

（2）学会使用气动控制元件。

（3）学会使用真空吸盘。

（4）学会传感器、真空器件、气动元件、步进电动机的综合应用。

（5）学会设计自动分拣控制程序。

（6）学会用 PLC 控制自动生产线。

任务23　自动分拣生产线控制

基础知识

一、任务分析

1. 控制要求

自动分拣生产线实训台如图 13-1 所示，它由工件料仓、推料气缸、光纤传感器、运输皮带、直流电动机、光电传感器、金属检测传感器、水平滑台气缸、垂直移动气缸、真空吸盘、阀岛、金属工件料库、非金属工件料库、开关电源、PLC 等组成。

自动分拣生产线的控制要求如下：

（1）按下启动按钮，工件料仓光纤传感器检测是否有工件。

（2）如果工件料仓有工件，推料气缸动作，将工件推出。

（3）工件推出后，启动皮带生产线，当工件运行经过光电传感器时，推料气缸缩回。

（4）皮带生产线继续运行到工件属性判别位。

（5）金属检测传感器对工件进行属性检测，如果是金属工件，置位辅助继电器软元件；如果是非金属，就等待一段时间。

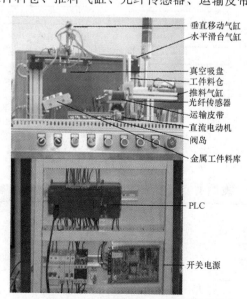

图 13-1　自动分拣生产线实训台

205

（6）检测到金属工件或等待时间到，滑台气缸右移。

（7）右移到位，垂直移动气缸下移，下移到位，真空吸盘气缸动作，吸住工件，延时 1s，垂直移动气缸上移，上移到位，滑台气缸左移，左移到位，根据工件属性的不同转入不同的工艺。

（8）如果是金属工件，水平气缸前移，前移到位，垂直气缸下移，下移到位，释放工件，延时 1s，垂直气缸上移，上移到位，水平气缸后移，后移到位，完成一次金属工件分拣控制循环，回到料仓工件检测状态。

（9）如果是非金属工件，垂直气缸下移，下移到位，释放工件，延时 1s，垂直气缸上移，上移到位，完成一次非金属工件分拣控制，返回料仓工件检测状态。

（10）在任何时候，按下停止按钮，系统停止工作。

（11）按下复位按钮，系统回到水平滑台气缸位于左限位、垂直移动气缸位于上限位、前后移动气缸位于后限位的原始位置。

（12）再次按下启动按钮，自动分拣生产线重新自动分拣运行。

2. 控制分析

自动分拣生产线控制是由工件料仓光纤传感器检测、推料、运输、工件光电传感器检测、金属非金属工件传感器检测、滑台右移、垂直气缸下移、真空吸盘吸住工件、垂直气缸上移、滑台左移，根据工件属性不同分别送不同工件料仓等控制操作组成的。自动生产线的自动运行工艺流程图如图 13-2 所示。

二、PLC 自动分拣生产线控制

（1）PLC 输入/输出端（I/O）分配见表 13-1。

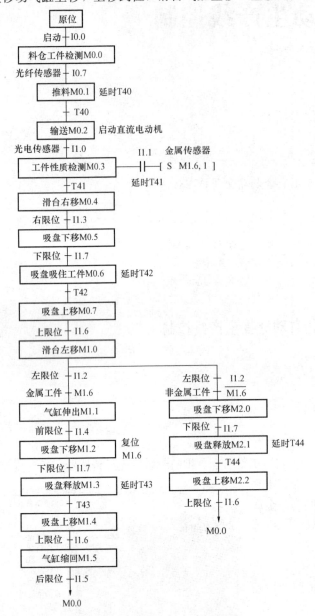

图 13-2　自动运行工艺流程图

表 13-1　　　　　　　　　　　　PLC 输入/输出端（I/O）分配

输　　入		输　　出	
启动	I0.0	直流电动机	Q0.0
停止	I0.1	推料	Q0.1
回原点	I0.2	滑台左移	Q0.2
手动/自动	I0.3	滑台右移	Q0.3
光纤传感器	I0.7	机械手前移	Q0.4

续表

输　　入		输　　出	
光电传感器	I1.0	机械手后退	Q0.5
金属检测传感器	I1.1	垂直上升	Q0.6
左限位	I1.2	垂直下降	Q0.7
右限位	I1.3	真空吸盘	Q1.0
前限位	I1.4	红色指示灯	Q1.1
后限位	I1.5	绿色指示灯	Q1.2
上限位	I1.6		
下限位	I1.7		

（2）PLC 自动分拣生产线控制接线如图 13-3 所示。

（3）停止控制程序如图 13-4 所示，按下停止按钮，所有状态辅助继电器复位，输出继电器复位，置位 Q1.1，点亮红灯。

（4）回原点程序如图 13-5 所示。回原点的工作过程是：按下回原点按钮，置位回原点辅助继电器 M2.7，如果机械手不在上限位，驱动 Q0.6，使机械手上移，上移到位，复位 Q0.6；如果机械手不在左限位，驱动 Q0.2，使滑台左移，左移到位，复位 Q0.2；如果机械手不在后限位，驱动 Q0.5，使机械手缩回，缩回到位，复位 Q0.5。

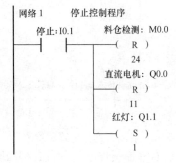

图 13-4　停止控制程序

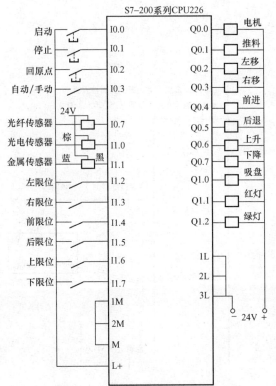

图 13-3　自动分拣生产线控制接线

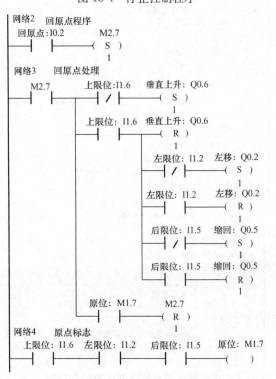

图 13-5　回原点程序

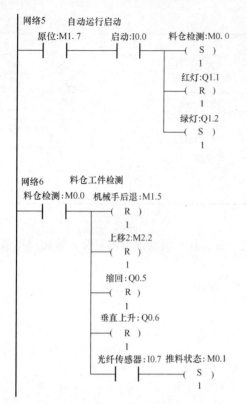

图 13-6　启动、光纤传感器检测

机械手回原位后，驱动回原位标志辅助继电器 M1.7。

（5）自动运行程序。

1）启动、光纤传感器检测程序。按下启动按钮，置位 M0，启动光纤传感器检测，程序如图 13-6 所示。其工作过程是：安装在工件料仓的光纤传感器对工件进行检测，有工件时，I0.7 为 ON，驱动运行状态进入下一步控制。

2）推料控制。推料控制梯形图如图 13-7 所示。其工作过程是：光纤传感器检测到有工件时，程序控制 Q0.1 输出，驱动推料气缸动作，将工件推出。

3）皮带传输。皮带传输、光电传感器检测控制程序如图 13-8 所示。其工作过程是：推料动作完成，延时 1s，驱动输出 Q0.0，启动直流电动机，皮带移动。皮带移动带动工件经过光电传感器时，光电传感器为 ON，驱动运行状态转入进一步。

4）金属工件检测程序。金属检测控制程序如图 13-9 所示。其工作过程是：工件通过皮带牵引，传输到金属检测传感器时，如果是金属工件，置位 M1.6；非金属工件，M1.6 为 OFF。

5）滑台右移控制程序。滑台右移控制程序如图 13-10 所示，滑台右移到位，转入下一步。

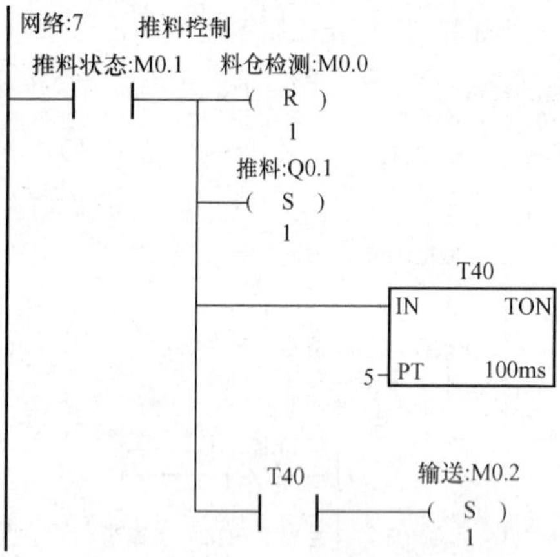

网络7　推料控制

图 13-7　推料控制

网络 8　皮带机输送

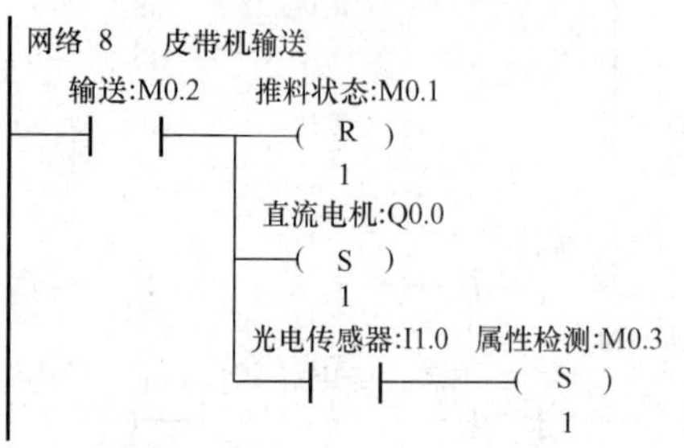

图 13-8　皮带传输、光电传感器检测控制程序

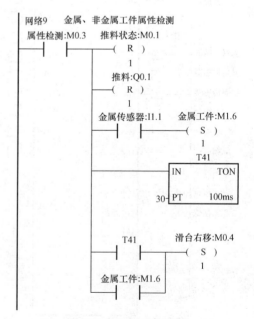

图 13-9　金属工件检测

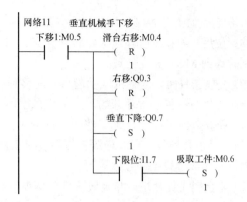

图 13-10 滑台右移　　　　　图 13-11 垂直气缸下移

6）垂直气缸下移控制程序。垂直气缸下移控制程序如图 13-11 所示，垂直气缸下移到位，转入下一步。

7）真空吸盘控制程序。真空吸盘控制程序如图 13-12 所示。为保证真空吸盘可靠吸住工件，延时一段时间，延时时间到，转入下一步。

8）垂直上移控制程序。垂直上移控制程序如图 13-13 所示，垂直机械手上移到位，转入下一步。

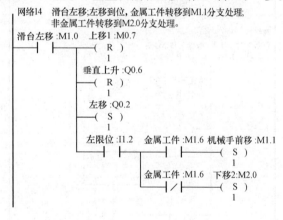

图 13-12 吸取工件　　　　图 13-14 滑台气缸左移

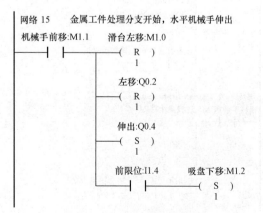

图 13-13 垂直上移　　　　图 13-15 水平机械手前移

9）滑台气缸左移控制程序。滑台气缸左移控制程序如图 13-14 所示。其工作过程是：滑台气缸左移到位后，根据工件性质决定转移分支。如果是金属工件，转移到 M1.1 分支处理；非金属工件则转移到 M2.0 分支处理。

10）金属工件时，水平机械手前移，前移到位，垂直机械手下移，释放金属工件到金属工件库。金属工件分拣控制程序开始，水平机械手前移控制程序如图 13-15 所示。

11）释放金属工件到金属工件库，机械手回原位。其工作过程是：释放金属工件程序如图 13-16 所示。下移到位，释放金属工件到金属工件库，延时 1s，垂直机械手上移，上移到位，机械手缩回，完成金属工件分拣控制。

12）非金属工件处理。非金属工件分拣控制程序如图 13-17 所示。非金属工件时，垂直机械手下移、释放非金属工件到非金属工件库，垂直机械手上移，完成非金属工件分拣控制。

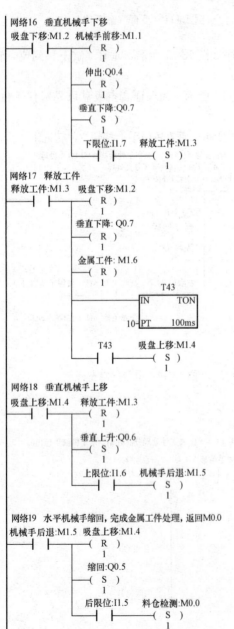

图 13-16　释放金属工件，机械手回原位

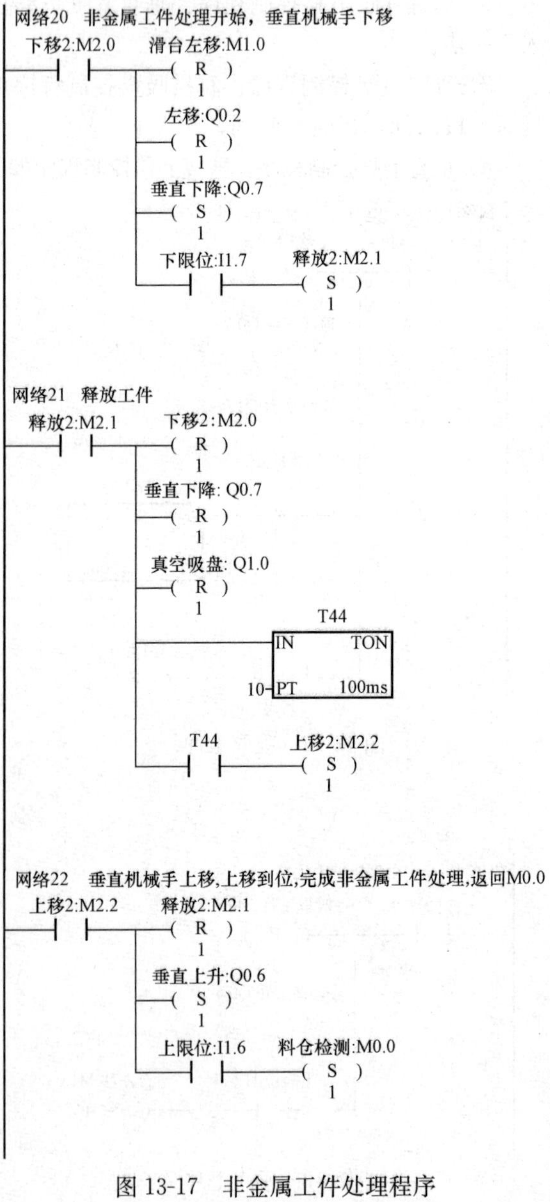

图 13-17　非金属工件处理程序

技能训练

一、训练目标

（1）能够正确设计自动分拣生产线控制的 PLC 程序。

（2）能正确输入和传输自动分拣生产线控制的 PLC 控制程序。

（3）能够独立完成自动分拣生产线控制线路的安装。

（4）按规定进行通电调试，出现故障时，能根据设计要求进行检修，并使系统正常工作。

二、训练步骤与内容

1. 设计 PLC 程序

（1）根据自动分拣生产线要求，正确分配 PLC 软元件。

（2）根据自动生产线自动运行工艺图画出状态转移图。

（3）设计自动分拣生产线停止程序。

（4）设计自动分拣生产线回原点程序。

（5）根据状态转移图设计自动分拣生产线自动运行控制程序。

2. 输入 PLC 程序

（1）输入自动生产线停止程序。

（2）输入自动生产线回原点程序。

（3）输入自动生产线自动运行程序。

3. 安装、调试与运行

（1）按图 13-3 所示的 PLC 接线图接线。

（2）将自动分拣生产线控制程序下载到 PLC。

（3）使 PLC 处于运行状态。

（4）按下启动按钮，观察 PLC 输出 Q0.0～Q1.2 的变化，观察自动生产线运行状态的变化，观察自动生产线自动运行过程。

（5）按下停止按钮，观察 PLC 输出 Q0.0～Q1.2 的变化，观察自动生产线是否停止。

（6）按下回原点按钮，观察自动生产线是否回原点。

4. 应用

用步进顺序控制继电器指令重新设计控制程序，并下载到 PLC，控制自动生产线的运行。

任务24 自动组装生产线控制

基础知识

一、任务分析

1. 控制要求

自动组装生产线如图 13-18 所示，由 3 个料仓、三条皮带生产线等组成，其中生产线 1 用于大料判别与输送，生产线 2 用于成品的输送，生产线 3 用于中料的判别与输送，步进电动机驱动丝杠在 3 条皮带生产线间横向运行，丝杠驱动滑块，滑块上安装有可垂直上下移动的气缸，该气缸下端安装了真空吸盘，用于吸取工件。

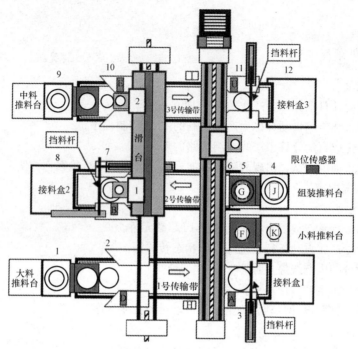

图 13-18 自动组装生产线

自动组装生产线控制要求如下：

（1）将大料、中料和小料分别放入组装大料仓、中料仓和小料仓，大料、小料工件凹口向上，中料工件凹口向下，所有工件属性任意。

（2）按下启动按钮，丝杠回原点。

（3）小料仓将工件推出，小料进行属性判别；启动生产线 1、生产线 3 输送大、中料工件。

（4）大料仓将工件推出，启动生产线 1 输送；光电传感器 D 检测有工件经过时，驱动挡料缸伸出，皮带继续输送工件前移；工件移动到生产线末端时，金属检测传感器检测工件是否是金属。如果大料工件属性与小料不相同，挡料缸缩回，工件被输送到接料盒 1，生产线 1 继续推料、检测、输送、属性判别的运行；如果大料工件属性与小料相同，生产线 1 停止。

（5）中料仓将工件推出，启动生产线 3 输送；光电传感器 E 检测有工件经过时，驱动挡料缸伸出，皮带继续输送工件前移；工件移动到生产线 3 末端时，金属检测传感器检测工件是否是金属。如果中料工件属性与小料不相同，挡料缸缩回，工件被输送到接料盒 3，生产线 3 继续推料、检测、输送、属性判别的运行；如果中料工件属性与小料相同，生产线 3 停止。

（6）当大、中、小料工件属性相同时，组装台气缸半程推出，丝杠运行到 1 号皮带上方。

（7）丝杠到位，垂直气缸下移；下移到位，真空吸盘吸取工件，延时 1s，垂直气缸上移；上移到位，丝杠移动大料工件到组装台上方，垂直气缸下移；下移到位，释放工件，延时 1s，垂直气缸上移；上移到位，丝杠运行到小料工件上方。

（8）丝杠运行到位，垂直气缸下移；下移到位，真空吸盘吸取工件，延时 1s，垂直气缸上移；上移到位，丝杠移动小料工件到组装台上方，垂直气缸下移；下移到位，释放小料工件，小料放于大料中，延时 1s，垂直气缸上移；上移到位，丝杠运行到 3 号生产线上方。

（9）丝杠运行到位，垂直气缸下移；下移到位，真空吸盘吸取工件，延时 1s，垂直气缸上移；上移到位，丝杠移动中料工件到组装台上方，垂直气缸下移；下移到位，释放中料工件，中料放于大料中，延时 1s，垂直气缸上移；上移到位，丝杠返回原点。

（10）组装台推出组装好的成品，2 号生产线启动，输送产品到生产线末端，光电传感器检测到成品时，伸出挡料缸，延时 2s，让产品输送到接料盒 2，停止 2 号生产线，完成 1 件产品的组装。如果是自动运行，继续从步骤（3）开始循环运行。

2. 控制分析

（1）自动组装生产线的自动控制工艺流程图如图 13-19 所示。

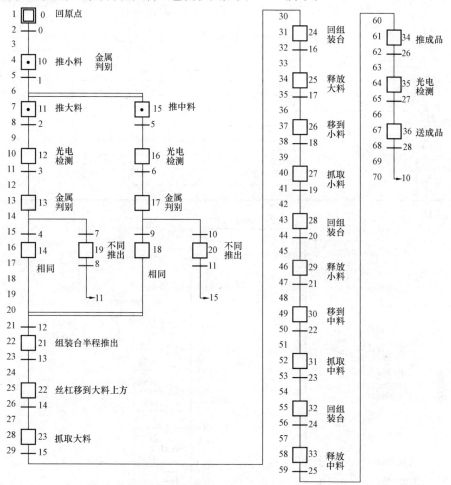

图 13-19　自动组装生产线工艺流程图

（2）自动组装生产线的大、中料的推料、检测、属性判别等是并行分支顺序步进控制。

（3）自动组装生产线的控制难点是丝杠的运行，丝杠运行可以应用高速脉冲输出指令控制。

二、PLC 控制

1. PLC 输入/输出端（I/O）分配

PLC 输入/输出端（I/O）分配见表 13-2。

表 13-2　　　　　　　　　　　　PLC 输入/输出端（I/O）分配

输　　　入		输　　　出	
零点	I0.0	脉冲	Q0.0
启动	I0.1	步进电动机方向	Q0.2
停止	I0.2	组装台推料	Q0.4
手动/自动转换	I0.3	组装台缩回	Q0.5
前限位	I0.4	小料推料	Q0.6
手动回原点	I0.5	垂直下移	Q0.7

输　　　入		输　　　出	
手动丝杠前移	I0.6	垂直上移	Q1.0
手动丝杠后退	I0.7	丝杠吸盘	Q1.1
1号皮带光电传感器	I1.0	1号皮带推料	Q1.2
2号皮带光电传感器	I1.1	1号皮带挡料	Q1.3
3号皮带光电传感器	I1.2	3号皮带推料	Q1.5
1号皮带金属感应器	I1.3	3号皮带挡料	Q1.6
小料金属传感器	I1.4	1号皮带电动机	Q1.7
3号皮带金属感应器	I1.5	2号皮带电动机	Q0.3
组装台半程感应器	I1.6	RH、STF	Q1.4
垂直移动下限	I1.7		
垂直移动上限	I2.0		
前限位	I2.1		
后限位	I2.2		
小料位	I2.3		
手动上移	I2.4		
手动下移	I2.5		
吸盘	I2.6		

任务 24

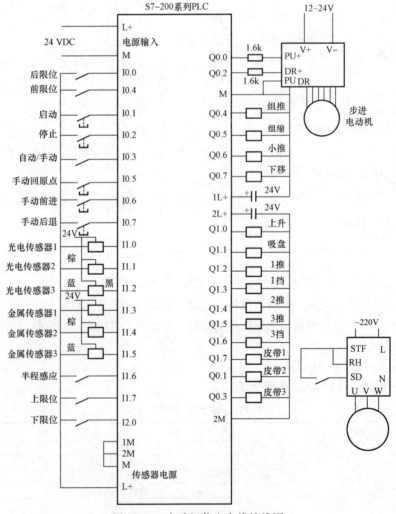

图 13-20　自动组装生产线接线图

2. PLC自动组装生产线接线图

PLC自动组装生产线接线图如图13-20所示。

3. PLC自动组装生产线自动运行状态转移图

PLC自动组装生产线自动运行状态转移图如图13-21所示。

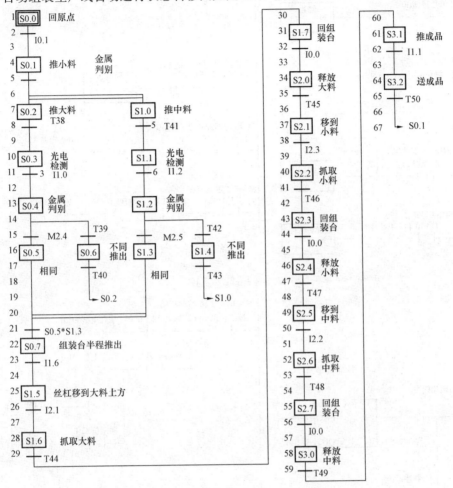

图13-21 自动组装生产线自动运行状态转移图

4. PLC自动组装生产线控制程序

（1）主控程序。如图13-22所示，主控程序将程序分为初始化、停止、回原点、手动、自动运行等部分，按下相应按钮，可执行相应子程序。

（2）初始化子程序。初始化子程序如图13-23所示。上电时，将高速脉冲输出设置为PTO脉冲宽度调制输出形式，脉冲宽度设为0，周期设置为520μs。

（3）回原位子程序如图13-24所示。

（4）手动控制程序如图13-25所示。

（5）丝杆前进控制子程序如图13-26所示。手动控制丝杆前进时，将高速脉冲输出设置为周期、脉冲数可更新的PTO脉冲串输出形式，脉冲数每次输出为100个，约走5mm。方向控制Q0.2置位，控制步进电动机正转，带动丝杆前进。

（6）丝杆后退控制子程序如图13-27所示。手动控制丝杆后退时，将高速脉冲输出设置为周期、脉冲数可更新的PTO脉冲串输出形式，脉冲数每次输出为100个，约走5mm。方向控制

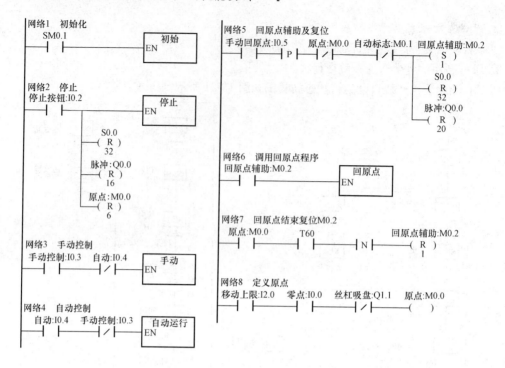

图 13-22　主控

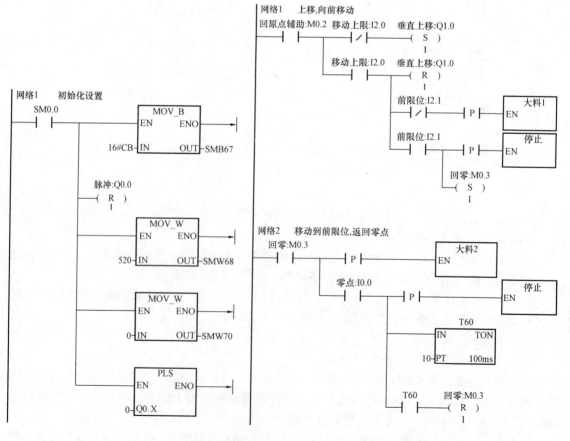

图 13-23　初始化

图 13-24　回原位

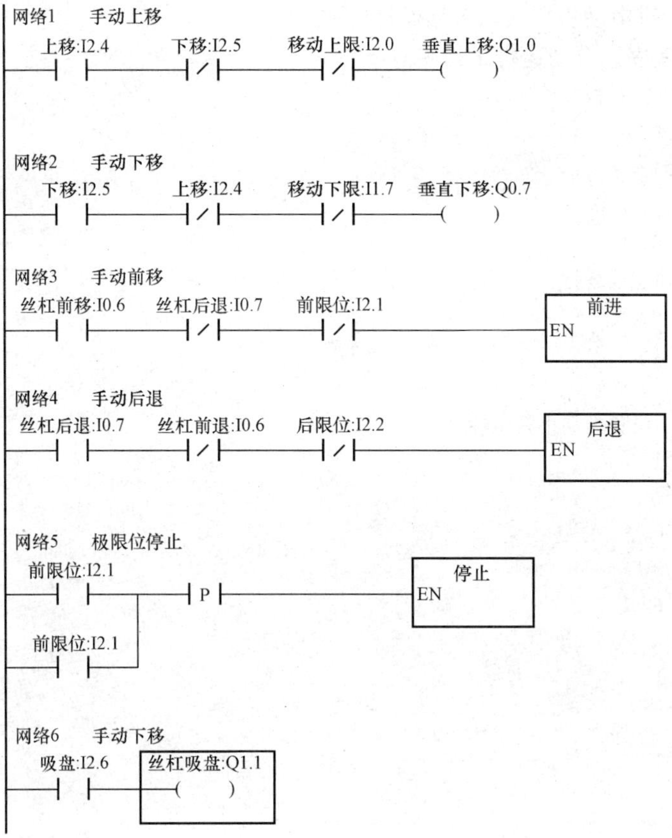

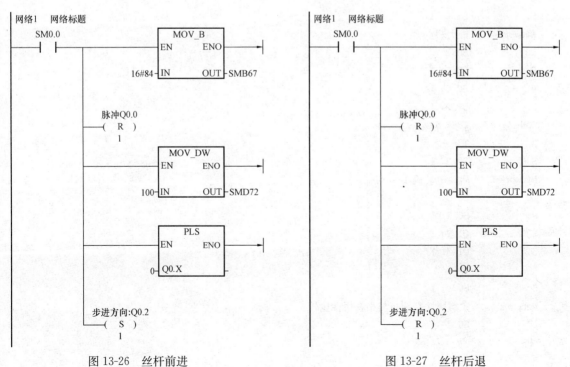

图 13-25 手动控制

图 13-26 丝杆前进

图 13-27 丝杆后退

任务
24

Q0.2 复位，控制步进电动机反转，带动丝杆后退。

（7）自动运行程序。自动运行子程序清单如下：

Network 1 // 自动运行启动

LD	M0.0
A	I0.1
S	M0.1, 1
S	S0.0, 1

Network 2 // 自动连续运行

LD	S0.0
A	M0.1
S	S0.1, 1

Network 3 // 推小料和判别小料属性

LD	S0.1
LPS	
R	S0.0, 1
R	S3.3, 1
S	Q0.6, 1
A	I1.4
S	M2.1, 1
LRD	
TON	T37, 10
LPP	
LD	T37
O	M2.1
ALD	
S	S0.2, 1
S	S1.0, 1

Network 4 // 推大料

LD	S0.2
R	S0.1, 1
R	S0.6, 1
S	Q1.2, 1
TON	T38, 5
A	T38
S	S0.3, 1

Network 5 // 启动电动机1

LD	S0.3
R	S0.2, 1
S	Q1.7, 1
S	Q1.3, 1
A	I1.0
S	S0.4, 1

Network 6 // 大料属性判别，与小料属性比较

LD	S0.4
LPS	
R	S0.3, 1

```
R        Q1.2, 1
A        I1.3
S        M2.0, 1
LRD
LD       M2.0
A        M2.1
LDN      M2.0
AN       M2.1
OLD
ALD
=        M2.4
LPP
LPS
TON      T39, 30
A        M2.4
S        S0.5, 1
LPP
A        T39
AN       M2.4
S        S0.6, 1
```

Network 7 // 相同转 S0.5
```
LD       S0.5
R        S0.4, 1
R        Q1.7, 1
```

Network 8 // 不相同转 S0.6
```
LD       S0.6
R        S0.4, 1
R        Q1.3, 1
TON      T40, 30
A        T40
R        Q1.7, 1
S        S0.2, 1
```

Network 9 // 推中料
```
LD       S1.0
R        S0.1, 1
R        S1.4, 1
S        Q1.5, 1
TON      T41, 5
A        T41
S        S1.1, 1
```

Network 10 // 启动电动机 3
```
LD       S1.1
R        S1.0, 1
S        Q1.4, 1
S        Q1.6, 1
A        I1.2
S        S1.2, 1
```

Network 11 // 中料属性判别
```
LD        S1.2
LPS
R         S1.1, 1
R         Q1.5, 1
A         I1.5
S         M2.2, 1
LRD
LD        M2.2
A         M2.1
LDN       M2.2
AN        M2.1
OLD
ALD
 =        M2.5
LPP
LPS
TON       T42, 30
A         M2.5
S         S1.3, 1
LPP
A         T42
AN        M2.5
S         S1.4, 1
```
Network 12 // 相同转 S1.3
```
LD        S1.3
R         S1.2, 1
R         Q1.4, 1
```
Network 13 // 不相同转 S1.4
```
LD        S1.4
R         S1.2, 1
R         Q1.6, 1
TON       T43, 30
A         T43
R         Q1.4, 1
S         S1.0, 1
```
Network 14 // 并行处理完毕置位 S0.7
```
LD        S0.5
A         S1.3
S         S0.7, 1
```
Network 15 // 组装台半程推出
```
LD        S0.7
R         S0.5, 1
R         S1.3, 1
A         I1.6
S         S1.5, 1
```
Network 16 // 前进到大料位置

```
LD        S1.5
LPS
R         S0.7，1
EU
CALL      SBR2
LPP
LD        I2.1
O         SM66.7
ALD
LPS
EU
CALL      SBR0
LPP
S         S1.6，1
```

Network 17 // 下移吸大料工件
```
LD        S1.6
LPS
R         S1.5，1
AN        I1.7
S         Q0.7，1
LRD
A         I1.7
R         Q0.7，1
S         Q1.1，1
TON       T44，10
LPP
A         T44
S         S1.7，1
```

Network 18 // 吸取大料后上移
```
LD        S1.7
LPS
R         S1.6，1
R         Q1.3，1
AN        I2.0
S         Q1.0，1
LRD
A         I2.0
R         Q1.0，1
EU
CALL      SBR3
LPP
LD        I0.0
O         SM66.7
ALD
LPS
EU
CALL      SBR0
```

```
LPP
S          S2.0, 1
Network 19 // 下移释放大料工件
LD         S2.0
LPS
R          S1.7, 1
AN         I1.7
S          Q0.7, 1
LRD
A          I1.7
R          Q0.7, 1
R          Q1.1, 1
TON        T45, 10
LPP
A          T45
S          S2.1, 1
Network 20 // 上移后前进到小料位置
LD         S2.1
LPS
R          S2.0, 1
AN         I2.0
S          Q1.0, 1
LRD
A          I2.0
R          Q1.0, 1
EU
CALL       SBR8
LPP
LD         I2.3
O          SM66.7
ALD
LPS
EU
CALL       SBR0
LPP
S          S2.2, 1
Network 21 // 下移吸小料工件
LD         S2.2
LPS
R          S2.1, 1
AN         I1.7
S          Q0.7, 1
LRD
A          I1.7
R          Q0.7, 1
S          Q1.1, 1
TON        T46, 10
```

```
LPP
A          T46
S          S2.3, 1
```
Network 22 // 吸取小料后上移，并返回零点
```
LD         S2.3
LPS
R          S2.2, 1
AN         I2.0
S          Q1.0, 1
LRD
A          I2.0
R          Q1.0, 1
EU
CALL       SBR9
LPP
LD         I0.0
O          SM66.7
ALD
LPS
EU
CALL       SBR0
LPP
S          S2.4, 1
```
Network 23 // 释放小料
```
LD         S2.4
LPS
R          S2.3, 1
AN         I1.7
S          Q0.7, 1
LRD
A          I1.7
R          Q0.7, 1
R          Q1.1, 1
TON        T47, 10
LPP
A          T47
S          S2.5, 1
```
Network 24 // 上移后，后退移动到中料位置
```
LD         S2.5
LPS
R          S2.4, 1
AN         I2.0
S          Q1.0, 1
LRD
A          I2.0
R          Q1.0, 1
EU
```

```
CALL        SBR5
LPP
LD          I2.2
O           SM66.7
ALD
LPS
EU
CALL        SBR0
LPP
S           S2.6, 1
```

Network 25 // 下移，吸取中料

```
LD          S2.6
LPS
R           S2.5, 1
AN          I1.7
S           Q0.7, 1
LRD
A           I1.7
R           Q0.7, 1
S           Q1.1, 1
TON         T48, 10
LPP
A           T48
S           S2.7, 1
```

Network 26 // 上移，返回零点

```
LD          S2.7
LPS
R           S2.6, 1
R           Q1.6, 1
AN          I2.0
S           Q1.0, 1
LRD
A           I2.0
R           Q1.0, 1
EU
CALL        SBR4
LPP
LD          I0.0
O           SM66.7
ALD
LPS
EU
CALL        SBR0
LPP
S           S3.0, 1
```

Network 27 // 释放中料

```
LD          S3.0
```

```
LPS
R           S2.7, 1
AN          I1.7
S           Q0.7, 1
LRD
A           I1.7
R           Q0.7, 1
R           Q1.1, 1
TON         T49, 10
LPP
A           T49
LPS
AN          I2.0
S           Q1.0, 1
LPP
A           I2.0
R           Q1.0, 1
S           S3.1, 1
Network 28 // 推成品
// 网络注释
LD          S3.1
R           S3.0, 1
S           Q0.3, 1
A           I1.1
S           S3.2, 1
Network 29 // 送成品
// 网络注释
LD          S3.2
R           S3.0, 1
=           Q0.5
R           Q0.6, 1
TON         T50, 50
A           T50
R           Q0.3, 1
S           S0.1, 1
Network 30
LD          S0.7
AN          I1.6
O           S3.1
=           Q0.4
Network 31
```

技能训练

一、训练目标

（1）能够正确设计自动组装生产线控制的 PLC 程序。

（2）能正确输入和传输自动组装生产线控制的 PLC 控制程序。

（3）能够独立完成自动组装生产线控制线路的安装。

（4）按规定进行通电调试，出现故障时，能根据设计要求进行检修，并使系统正常工作。

二、训练步骤与内容

1. 设计 PLC 程序

（1）根据自动组装生产线控制要求，正确分配 PLC 软元件。

（2）根据自动组装生产线控制工艺画出状态转移图。

（3）设计自动组装生产线控制主控程序。

（4）根据状态转移图设计自动组装生产线自动运行控制子程序。

（5）设计自动组装生产线手动控制子程序。

（6）设计自动组装生产线控制回原点子程序。

（7）设计自动组装生产线初始化、大料 1、大料 2、中料 1、中料 2、小料 1、小料 2、停止、前进、后退等高速脉冲输出控制子程序。

2. 输入 PLC 程序

（1）输入自动组装生产线控制主控程序。

（2）输入自动组装生产线控制手动控制子程序。

（3）输入自动组装生产线控制回原点子程序。

（4）输入自动组装生产线控制自动运行子程序。

（5）输入自动组装生产线初始化、大料 1、大料 2、中料 1、中料 2、小料 1、小料 2、停止、前进、后退等高速脉冲输出控制的子程序。

3. 安装、调试与运行

（1）按图 13-20 所示的 PLC 接线图接线。

（2）将自动组装生产线控制程序下载到 PLC，使 PLC 处于运行状态。

（3）接通手动控制开关，按下上移、下移、吸盘等手动控制按钮，观察机械手的动作；按下手动丝杆前移、后退按钮，观察丝杆的动作。

（4）断开手动控制开关，按下回原点按钮，观察机械手回原点的过程。

（5）接通自动运行开关，切换到自动运行状态。

（6）按下启动按钮，观察 PLC 输出 Q0.0～Q1.7 的变化，观察自动组装生产线控制运行状态的变化，观察自动组装生产线运行过程。

（7）按下停止按钮，观察 PLC 输出 Q0.0～Q1.7 的变化，观察自动组装生产线是否停止。

4. 应用

用步进顺序控制继电器指令重新设计控制程序，并下载到 PLC，控制自动生产线的运行。

项目十四 远程通信控制

学习目标

(1) 了解 S7-200 系列 PLC 的通信协议。

(2) 学习应用西门子 PLC 的网络读写通信指令。

(3) 学会使用 S7-200 系列 PLC 的 RS-485 通信电缆。

(4) 学会用 PLC 与 PLC 进行远程通信控制。

(5) 学会用 PLC 实现远程彩灯控制。

任务 25 PLC 与 PLC 的通信

基础知识

一、任务分析

1. 控制要求

2 台 S7-200 系列的 PLC 通过主从方式进行通信,交换数据:

(1) 用主站的 I0.0～I0.3 控制从站的 Q0.4～Q0.7。

(2) 用从站的 I0.0～I0.3 控制主站的 Q0.0～Q0.3。

2. 控制分析

2 台 S7-200 系列 PLC 通过主站模式下的读、写指令进行通信,交换数据,实现间接控制。

二、PLC 通信控制

(一) S7-200 系列 PLC 的通信协议

PLC 通信包括 PLC 与上位机、PLC 与 PLC 和 PLC 与触摸屏、变频器等其他外部设备之间的通信。

PLC 与其他设备之间的通信,通信双方必须遵守约定的规程,这些为通信而建立的规程称为通信协议。

S7-200 系列 PLC 的通信协议主要有 PPI、MPI、PROFIBUS 和用户自定义通信协议。

1. PPI 通信协议

PPI 通信协议就是点对点接口协议。PPI 通信协议是西门子专门为 S7-200 系列 PLC 开发的一个通信协议,内置于 CPU 中。PPI 通信协议物理上依赖 RS-485 通信口,主要应用于 S7-200 系列 PLC 的编程、PLC 之间的通信、PLC 与触摸屏等智能设备间的通信。

PPI 通信协议可以通过 PC/PPI 电缆或两芯屏蔽双绞线电缆进行联网,支持波特率为 9600、

19 200、187 500bit/s。

PPI 通信协议最基本的用途是用于个人计算机与 PLC 之间的通信，用于 STEP7-Micro/WIN 编程软件上传、下载、监控用户应用程序。

PPI 通信协议是一个主/从协议，在这个协议中，S7-200 系列 PLC 一般用作从站，接受来自计算机、触摸屏等主站发来的信息。如果用户将 1 台 S7-200 系列 PLC 设置为 PPI 主站模式，则这台 PLC 在 RUN 运行模式下可以作为主站，利用网络读指令 NETR、网络写指令 NETW 来读写另一台 S7-200 系列 PLC 的数据。

PPI 通信协议是一个令牌传递协议，对于一个从站，可以响应多个（最多 32 个）主站的通信请求。

2. MPI 通信协议

MPI 通信协议也称为多点接口通信协议。MPI 通信协议允许主站与主站之间通信，也允许主站与从站间通信。S7-200 系列 PLC 在 MPI 通信协议中只能作为从站使用。

MPI 通信协议可以是主/主协议或主/从协议，协议如何依赖于通信的设备类型。如果是 S7-300/400CPU 之间通信，建立的是主/主连接，应用主/主协议；如果是 S7-300/400CPU 与 S7-200CPU 之间通信，建立的主/从连接，应用主/从通信协议。

应用 MPI 通信协议时，S7-300/400CPU 可以应用网络读指令 XGET、网络写指令 XPUT 来读写另一台 PLC 的数据。

3. PROFIBUS 协议

PROFIBUS 协议通常用于分布式 I/O 设备的高速通信。使用 PROFIBUS 协议的设备包括简单的远程 I/O 设备、输入/输出模块、电动机控制器和 PLC，S7-200 系列 PLC 可以通过 EM277 PROFIBUS-DP 扩展模块连接到 PROFIBUS 协议网，协议支持的波特率 9600bit/s～12Mbit/s。

PROFIBUS 网络通常由一个主站和若干个从站组成，主站与从站、从站与从站之间均可以进行数据通信。

4. 用户自定义通信协议

用户自定义通信协议也称为自由口通信协议。自由口通信模式是 S7-200 系列 PLC 的一个特色功能，用户可以通过程序对通信口进行操作，用户自主定义通信协议。

应用自由口通信协议，S7-200 系列 PLC 可以与任何通信协议已知、具有串口的智能设备和控制器进行连接和通信。

自由口通信协议使可通信的范围增加，使控制系统配置更灵活、便捷。当连接的设备具有 RS-485 接口时，采用双绞线连接；当连接的设备具有 RS-232 接口时，采用 PC/PPI 连接电缆连接。

在自由口通信模式下，通信协议由用户程序控制，可使用发送中断、接收中断、发送指令 XMT、接收指令 RCV 对通信口进行操作。

（二）通信设备

1. 通信端口

S7-200 系列 PLC 中的 CPU226 有两个 RS-485 端口，分别定义为端口 0、1，作为通信端口，通过专用电缆与计算机或其他设备及 PLC 连接和交换数据。

2. 网络连接器

网络连接器用于将多台设备连接到网络中。利用西门子提供的两种网络连接器可以把多台设备连接到网络中，两种网络连接器都有两组接线端子，可以连接网络的输入和输出。两种网络连接器都有偏置和终端匹配电阻的选择开关，开关置于"ON"时，连接终端匹配电阻和偏置；开关置于"OFF"时，断开终端匹配电阻和偏置；带有编程口的连接器可以把 CPU 的信号传输到编程口，便于与计算机和其他编程设备的连接。

3. PC/PPI 电缆

PC/PPI 电缆用于计算机与 PLC 主机及其他通信设备，计算机侧是 RS-232 接口，PLC 主机端是 RS-485 接口。数据从计算机送到 PLC 时，PC/PPI 电缆是发送模式；数据从 PLC 送到计算机时，PC/PPI 电缆是接收模式。

（三）通信指令

1. PLC 主站模式设定

S7-200 系列 PLC 的特殊继电器 SMB30、SMB130 分别用于设定通信端口 0、通信端口 1 的通信方式，SMB30、SMB130 的低 2 位用于设置 PLC 的通信协议。只要将 SMB30、SMB130 的低 2 位设置为 2♯10，就设置该 PLC 主机为 PPI 主站模式，可以使用 PLC 的网络读写命令。

2. PPI 主站模式的通信指令

PPI 主站模式的网络读写命令，用于 S7-200 系列 PLC 之间的联网通信。网络读写指令只能由在网络中设置为主站的 PLC 执行，只要在主站 PLC 编写读写指令程序，从站 PLC 不必要进行通信的编程，就可以与从站 PLC 通信。

（1）NETR 网络读指令。网络读 NETR 指令通过 PLC 指定的通信口（主站的端口 0 或端口 1）从其他的 PLC 中指定地址的数据区读取最多 16 个字节的数据信息，存入主站 PLC 中指定地址的数据区。

网络读 NETR 指令的梯形图符号如图 14-1 所示，指令名称是 NE-TR，当输入允许有效时，初始化通信操作，通过指定的端口 PORT 从远程设备接收数据，并将接收到的数据存储在指定的数据缓冲区 TBL 表中。TBL、PORT 均为字节型数据，PORT 只能是常数。

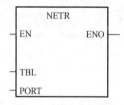

图 14-1 NETR 指令

PORT 只能是常数 0、1，如果是 0，就将 SMB30 的低 2 位设置为 2♯10；如果是 1，就将 SMB130 的低 2 位设置为 2♯10。

TBL 处的字节数据指定数据表的起始字节，可以由用户自己设定，后续字节要连续使用，形成列表。各字节的定义见表 14-1。

表 14-1   数 据 表 格 式

字节偏移地址	字 节 名 称	作　　　用
0	状态字节	网络读指令的状态、错误码
1	远程站地址	被访问的从站地址
2	远程站的数据区指针	远程站被访问数据的间接指针
3		
4		
5		
6	数据长度	远程站被访问的字节数
7	数据字节 0	执行 NETR 指令后，存放从远程站接收的数据；执行 NETW 指令前，存放向远程站发送的数据
8	数据字节 1	
…	…	
22	数据字节 15	

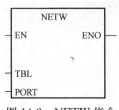

图 14-2 NETW 指令

（2）NETW 网络写指令。网络读 NETW 指令通过 PLC 指定的通信口（主站的端口 0 或端口 1）把 PLC 主站中指定地址的数据区内容最多 16 个字节的数据信息，写入从站 PLC 中指定地址的数据区内。

网络写 NETW 指令的梯形图符号如图 14-2 所示，指令名称是 NETW，当输入允许有效时，初始化通信操作，通过指定的端口 PORT，将主站 PLC 数据表 TBL 所指定地址的数据，发送到远程设备从站指定的缓冲区。TBL、PORT 均为字节型数据，PORT 只能是常数。

在应用程序中，网络读、写指令使用次数不受限制，但不能同时激活 8 条以上的网络读、写指令。

数据表共有 23 个字节，表头第一个字节是状态字节，它表示网络通信指令的执行状态、错误码。状态字节各位的含义如下：

b7	b6	b5	b4	b3	b2	b1	b0
D	A	E	O	E4	E3	E2	E1

其中：D 为完成（操作已完成）位：D＝0 表示未完成，D＝1 表示完成；

A 为有效（操作已被排队）位：A＝0 表示无效，A＝1 表示有效；

E 为错误（操作返回错误）位：E＝0 表示无错误，E＝1 表示错误。

TBL 表中错误码含义见表 14-2。

表 14-2   状态字节错误码含义

错 误 码	含 义
0000	无错误
0001	时间溢出错：远程站点无响应
0010	接收错：奇偶校验错，校验和错
0011	离线错：相同的站地址或无效硬件引发冲突
0100	队列溢出错：激活了超过 8 个 NETR、NETW 指令
0101	违反通信协议：没有在 SMB30 中允许 PPI，试图执行 NETR、NETW 指令
0110	非法参数：NETR、NETW 指令表中含有非法参数或无效数值
0111	没有资源：远程站点忙（正在上传、下载或监控）
1000	违反应用协议
1001	信息错：错误的数据地址或不正确的数据长度
1010～1111	未用保留

使用网络读写指令时，首先要将应用网络读写指令的 PLC 定义为 PPI 主站模式，即通信初始化，然后才可以使用网络读写指令进行读写操作。与网络读写有关的特殊继电器 SMB30、SMB130 的格式见表 14-3。

表 14-3   SMB30、SMB130 的格式

PORT0	PORT1	说 明							
SMB30	SMB130	p	p	d	b	b	b	m	m
SM30.7 SM30.6	SM130.7 SM130.6	pp：校验选择 00＝无检验；01＝偶校验；10＝无校验；11＝奇校验							
SM30.5	SM130.5	d：字符长度 0＝8 位；1＝7 位							
SM30.4 SM30.3 SM30.2	SM130.4 SM130.3 SM130.2	bbb：波特率（bps） 000＝38 400；001＝19 200；010＝9600； 011＝4800；100＝2400；101＝1200； 110＝600；111＝300							
SM30.1 SM30.0	SM130.1 SM130.0	mm：选择通信协议 00＝PPI 协议（PPI/从站模式）；01＝自由口协议； 10＝PPI 协议（PPI/主站模式）；11＝保留							

（3）FILL 内存填充指令。内存填充（FILL）指令如图 14-3 所示，用地址 IN 中的数值写入 N 个连续字，从地址 OUT 开始。N 的范围是 1～255。

（四）PLC 通信接线图

PLC 通信接线图如图 14-4 所示。

任务
25

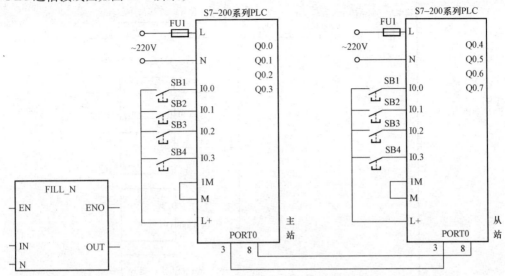

图 14-3　FILL 指令　　　　　　　　图 14-4　PLC 通信接线图

（五）PLC 通信主站控制程序

1. 通信初始化程序

通信初始化程序如图 14-5 所示，通信初始化指令表程序及注释如下：

```
Network 1 // 初始化
LD      SM0.1           //初始化脉冲
MOVB    16#0A，SMB30     //用通信端口 0 进行主从式通信，波特率 9600Kbps
FILL    0，VW200，11     //通信用寄存器 VB200 开始的 22 个字节清 0
```

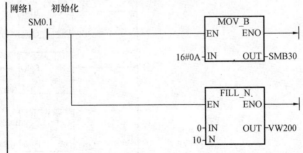

图 14-5　通信初始化程序

2. 网络读指令程序

网络读指令程序如图 14-6 所示，网络读指令表程序清单及注释如下：

```
Network 2 // 网络读
LDN     SM0.1           //初始化脉冲后
AN      V200.5          //通信程序编写有错时，触点断开
AN      V200.6          //操作排队有效后触点断开
MOVB    3，VB201         //指定远程站地址为 3
```

```
MOVD      &IB0, VD102 //指定从站数据区地址
MOVB      1, VB206    //指定从站数据长度
NETR      VB200, 0    //通过 VB200 开始的数据表执行网络读指令
MOVB      VB207, MB20 //读入的数据存放 MB20
```

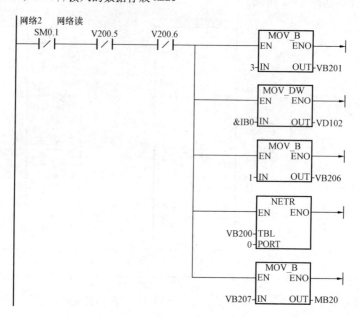

图 14-6　网络读指令程序

3. 网络写指令程序

网络写指令程序如图 14-7 所示，网络写指令表程序清单及注释如下：

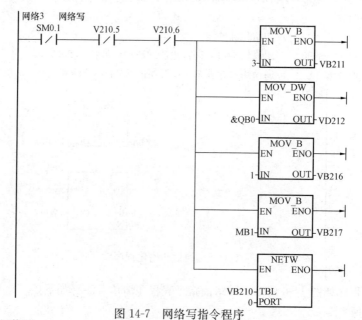

图 14-7　网络写指令程序

```
Network 3 // 网络写
LDN       SM0.1       //初始化脉冲后
AN        V210.5      //通信程序编写有错时，触点断开
AN        V210.6      //操作排队有效后触点断开
```

```
MOVB        3，VB211        //指定远程站地址为 3
MOVD        &QB0，VD212    //指定写入从站数据区地址
MOVB        1，VB306        //指定从站数据长度
MOVB        MB1，VB217     //主站数据送 VB307
NETW        VB210，0        //通过 VB300 开始的数据表执行网络写指令
```

4．数据处理程序

数据处理程序如图 14-8 所示，数据处理指令表程序及注释如下：

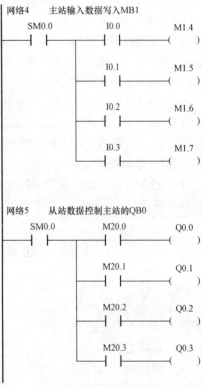

图 14-8　数据处理程序

Network 4 // 主站输入数据写入 MB1

```
LD          SM0.0
LPS
A           I0.0
=           M1.4
LRD
A           I0.1
=           M1.5
LRD
A           I0.2
=           M1.6
LPP
A           I0.3
=           M1.7
```

Network 5 // 从站数据控制 QB0

```
LD          SM0.0
LPS
A           M20.0
=           Q0.0
LRD
A           M20.1
=           Q0.1
LRD
A           M20.2
=           Q0.2
LPP
A           M20.3
=           Q0.3
```

（六）PLC 通信从站控制程序

从站控制程序不用写程序。

 技能训练

一、训练目标

（1）能够正确设计 S7-200 系列 PLC 与 PLC 的通信控制程序。

（2）能正确输入和传输 S7-200 系列 PLC 与 PLC 的通信控制程序。

（3）能够独立完成 S7-200 系列 PLC 与 PLC 的通信控制网络线路的安装。

（4）按规定进行通电调试，出现故障时，能根据设计要求进行检修，并使系统正常工作。

二、训练步骤与内容

1. 设计 PLC 与 PLC 的通信控制程序

（1）设计主站 PLC 通信控制初始化程序。

（2）设计主站 PLC 网络读指令程序。

（3）设计主站 PLC 网络写指令程序。

（4）设计主站 PLC 数据处理程序。

2. 安装、调试运行

（1）正确组建 PLC 通信网络。使用西门子连接器连接主站和从站，两个连接器分别插入主、从站的端口 0，或使用 RS-485 通信电缆通过主、从站的端口 0 连接主站和从站。

（2）将主站 PLC 程序通过主站 PLC 端口 1 下载到主站 PLC。

（3）设置从站 PLC 端口 0 的地址为 3，并下载到从站 PLC。

（4）使主站、从站 PLC 处于运行状态。

（5）按下主站的 I0.0～I0.3 端的按钮；分别观察从站 PLC 的 Q0.4～Q0.7 端状态变化，观察主站对从站的控制。

（6）按下 1 号从站的 I0.0～I0.3 端的按钮，观察主站的 Q0.0～Q0.3 端状态变化，观察从站对主站的控制。

任务 26　PLC 远程彩灯控制

 基础知识 ---

一、任务分析

1. 控制要求

2 台 S7-200 系列 PLC 通过主从方式进行通信，交换数据，并远程控制彩灯运行，要求如下：

（1）用主站的 I0.0、I0.2 控制系统启停。

（2）用 I0.3 控制从站彩灯移位方向。

（3）I0.3 为 OFF 时从站的 16 只彩灯循环左移。

（4）I0.3 为 ON 时从站的 16 只彩灯循环右移。

2. 控制分析

2 台 S7-200 系列 PLC 通过主站模式下的写指令进行通信，传输数据，实现对从站彩灯的控制。

二、PLC 的通信控制

（一）PLC 通信控制接线图

PLC 通信控制接线如图 14-9 所示。

（二）PLC 通信控制程序

1. 主站通信初始化程序

主站通信初始化程序如图 14-10 所示，主站通信初始化程序清单及注释如下：

Network 1 // 初始化

LD　　　SM0.1　　　//初始化脉冲

MOVB　　16＃0A，SMB30 //用通信端口 0 进行主从式通信，波特率 9600bps

FILL   0，VW300，10 //通信用寄存器 VB300 开始的 20 个字节清 0

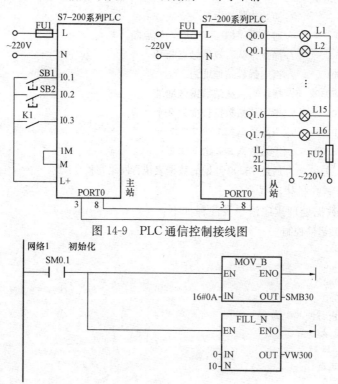

图 14-9   PLC 通信控制接线图

图 14-10   主站通信初始化程序

2. 主站网络写程序

主站网络写程序如图 14-11 所示，主站网络写程序清单及注释如下：

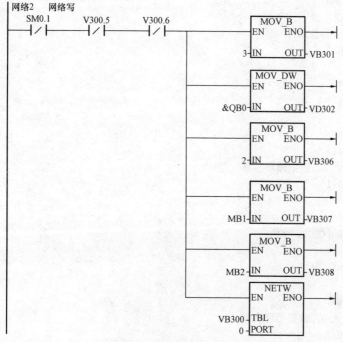

图 14-11   主站网络写程序

Network 2 // 网络写

LDN	SM0.1	//初始化脉冲后
AN	V300.5	//通信程序编写有错时，触点断开
AN	V300.6	//操作排队有效后触点断开
MOVB	3，VB301	//指定远程站地址为 3
MOVD	&QB0，VD302	//指定写入从站数据区地址
MOVB	2，VB306	//指定从站数据长度为 2 个字节
MOVB	MB1，VB307	//主站数据 MB1 送 VB307
MOVB	MB2，VB308	//主站数据 MB2 送 VB308
NETW	VB300，0	//通过 VB300 开始的数据表执行网络写指令

3. 主站彩灯控制数据处理程序

主站彩灯控制数据处理程序清单及注释如下：

Network 3 // 主站启停控制

LD	I0.1
O	M0.0
AN	I0.2
=	M0.0

Network 4 // 停止时使 MW1 为 0

LD	I0.2
MOVW	0，MW1

Network 5 // 方式选择

LD	M0.0
LPS	
AN	I0.3
=	M0.1
LPP	
A	I0.3
=	M0.2

Network 6 // 产生移位脉冲

LD	M0.0
LPS	
AN	T42
TON	T41，5
LPP	
A	T41
TON	T42，5

Network 7 // 方式 A，数据循环左移

LD	M0.1
LPS	
EU	
MOVW	16#0100，MW1
LPP	
A	T41
EU	
RLW	MW1，1

Network 8 // 方式 B，数据循环右移

LD	M0.2
LPS	

```
EU
MOVW        16#80,MW1
LPP
A           T41
EU
RRW         MW1,1
```

 技能训练

一、训练目标

（1）能够正确设计 PLC 远程彩灯控制程序。

（2）能正确输入和传输 PLC 远程彩灯控制程序。

（3）能够独立完成远程彩灯控制线路的安装。

（4）按规定进行通电调试，出现故障时，能根据设计要求进行检修，并使系统正常工作。

二、训练步骤与内容

1. 设计 PLC 与变频器的通信控制程序

（1）正确配置远程彩灯控制 PLC 软元件。

（2）设计主站 PLC 远程彩灯控制通信控制初始化程序。

（3）设计主站 PLC 远程彩灯控制网络写指令程序。

（4）设计主站 PLC 远程彩灯控制数据处理程序。

2. 安装、调试运行

（1）正确组建 PLC 通信网络。

（2）使用西门子连接器连接主站和从站，两个连接器分别插入主、从站的端口 0，或使用 RS-485 通信电缆通过主、从站的端口 0 连接主站和从站。

（3）将主站 PLC 程序通过主站 PLC 端口 1 下载到主站 PLC。

（4）设置从站 PLC 端口 0 的地址为 3，并下载到从站 PLC。

（5）使主站、从站 PLC 处于运行状态。

（6）I0.3 处于"OFF"时，按下主站的 I0.1 端的启动按钮，分别观察从站 PLC 的 Q0.0～Q1.7 端状态变化，观察主站对从站远程彩灯的控制。

（7）I0.3 处于"OFF"时，按下主站的 I0.2 端的停止按钮，分别观察从站 PLC 的 Q0.0～Q1.7 端状态变化，观察主站对从站远程彩灯的控制。

（8）切换 I0.3 端的远程彩灯移位方向开关，使 I0.3 处于"ON"，按下主站的 I0.1 端的启动按钮，分别观察从站 PLC 的 Q0.0～Q1.7 端状态变化，观察主站对从站远程彩灯的控制。

（9）I0.3 处于"ON"时，按下主站的 I0.2 端的停止按钮；分别观察从站 PLC 的 Q0.0～Q1.7 端状态变化，观察主站对从站远程彩灯的控制。

 技能提高训练

1. 远程正反转控制

2 台 S7-200 系列 PLC 通过主从方式进行通信，交换数据，通信端口为主、从站 PLC 的端口 1，主站远程控制从站的连接的电动机的正反转运行。

控制要求如下：

(1) 用主站的 I0.1 控制远程从站电动机的正转启动。

(2) 用主站的 I0.2 控制远程从站电动机的停止。

(3) 用主站的 I0.3 控制远程从站电动机的反转。

2. 远程 Y-△降压启动控制

2 台 S7-200 系列 PLC 通过主从方式进行通信，交换数据，通信端口为主、从站 PLC 的端口 0。

控制要求如下：

(1) 用主站的 I0.1 控制远程从站电动机的 Y-△降压启动。

(2) 用主站的 I0.2 控制远程从站电动机的停止。

(3) 用从站的 I0.3 控制主站电动机的 Y-△降压启动。

(4) 用远程从站的 I0.4 控制主站电动机的停止。

项目十五 模 拟 量 控 制

学习目标

(1) 学会使用 EM231 热电阻温度测量模块。

(2) 学会使用 EM232 模拟量输出扩展模块。

(3) 学会使用触点比较指令。

(4) 学会使用整数计算指令、转换指令、中断指令。

(5) 学会设计中断控制程序。

(6) 学会用 PLC 实现模拟量温度控制。

任务27 中央空调冷冻泵运行控制

基础知识

一、任务分析

1. 控制要求

中央空调冷冻泵电动机受三菱 A540 变频器控制，变频器运行频率为 0～50Hz，模拟控制电压为 0～10V。

控制要求如下：

(1) 按下启动按钮，全速（50Hz）启动冷冻泵，36s 后转入温差自动控制。

(2) 变频器加速时间为 8s，减速时间为 6s。

(3) 变频器避免在 20～25Hz 频率范围运行，以防振荡。

(4) 具有手动和自动切换功能，手动时可调节变频器的运行频率。

(5) 冷冻泵进、出水温差和变频器输出频率及 D/A 转换数字量间的关系见表 15-1。

表 15-1 温差、频率、D/A 转换数字量关系

进、出水温差（℃）	变频器输出频率（Hz）	D/A 转换数字量
$\Delta T \leqslant 1$	30	19 200
$1 < \Delta T \leqslant 1.5$	32.5	20 800
$1.5 < \Delta T \leqslant 2$	35	22 400
$2 < \Delta T \leqslant 2.5$	37.5	24 000
$2.5 < \Delta T \leqslant 3$	40	25 600
$3 < \Delta T \leqslant 3.5$	42.5	27 200
$3.5 < \Delta T \leqslant 4$	45	28 800
$4 < \Delta T \leqslant 4.5$	47.5	30 400
$\Delta T > 4.5$	50	32 000

（6）按下停止按钮，系统停止运行。

2．控制分析

（1）冷冻泵进水、出水温度信号通过铂电阻温度传感器 PT100 采集，通过模数转换模块将温度信号转换为线性输出的数字信号。

（2）变频器的运行频率根据温差信号变化而变化，通过数模转换模块将数字信号转换为模拟电压输出信号，通过模拟电压信号控制变频器输出频率。

（3）通过变频器驱动冷冻泵运行，从而调节中央空调的运行。

二、PLC 中央空调冷冻泵的运行控制

1．EM231 热电阻温度测量模块

EM231 模块是专用于连接热电阻进行温度测量的模数转换模块。

（1）EM231 热电阻温度测量模块的技术规格见表 15-2。

表 15-2   **EM231 热电阻温度测量模块技术规格**

特　性	EM231 2AI×RTD	EM231：4AI×RTD
名称	2 路热电阻输入	4 路热电阻输入
订货号	CTS7 231-7PB22	CTS7 231-7CF22
尺寸（宽×高×深，mm）	71.2×80×62	71.2×80×62
物理特性		
电源损耗		
+5V DC 消耗电流（mA）	87	
L+（mA）	60	
L+线圈电压范围（V）	DC20.4～28.8	
LED 灯指示	24V DC 电源供电良好 ON＝无错，OFF＝无 24V DC 电源，SF：ON＝模块故障，闪烁＝输入信号错误，OFF＝无错	
模拟量输入特性		
输入类型	模块参考接地热电阻	
输入范围	热电阻类型（选一种）： Pt−100、200、500、1000Ω（α＝3850、3920、3850.55、3916、3902PM） Pt−10000Ω（α＝3850×10^{-6}） Cu−9.035Ω（α＝4720×10^{-6}） Ni−10、120、1000Ω（α＝6720、6178×10^{-6}） R−150、300、600Ω	
输入点数	2	4
隔离		
现场至逻辑（V）	500 AC	
现场至 24V DC（V）	500 AC	
24V 到逻辑（V）	500 AC	
共模输入范围（输入通道至输入通道）	0	
共模抑制	120V AC 时，＞120dB	
输入分辨率		
温度	0.1℃/0.1 ℉	
电压	15 位加符号位	

续表

特　　性	EM231 2AI×RTD	EM231：4AI×RTD
功耗（W）	1.7	
测量原理	Sigma-Delta	
模块更新时间（所有通道）（ms）	425	825
到传感器的导线长度（m）	最大 100	
导线回路电阻（Ω）	20，Cu 型 2.7	
噪声抑制	50、60、400Hz 时，85dB	
数据字格式	电阻：−27 648～+27 648	
输入阻抗（MΩ）	>10	
最大输入电压（V）	30DC（检测），5DC（源）	
分辨率	15 位+符号位	
输入滤波衰减	−3dB@ 21kHz	
基本误差	0.1％ FS（电阻）	
重复性	0.05％ FS	

　　（2）EM231 热电阻温度测量模块端子接线图。EM231 热电阻温度测量模块端子接线如图15-1 所示，可以直接将 EM231 热电阻模块与传感器连接，也可用扩展接线方式。使用屏蔽线可达到最好的抗干扰性能，注意使用时，应将屏蔽接到信号连接器的接地点上。

　　如果有的热电阻输入通道没有使用，应将一个电阻器与未用的通道输入相连，以防止由于悬浮地输入信号产生的误差，影响有效通道的错误显示。

　　将热电阻模块与传感器相连有三种接线方式，精度最高的是 4 线，精度最低的是 2 线。建议只有应用中不在乎接线误差时才用 2 线。

　　（3）EM231 热电阻温度测量模块的 DIP 开关组态配置。

　　1）选择热电阻类型。EM 231 热电阻模块提供了与多种热电阻的连接接口，通过 DIP 开关选择热电阻、标定方向、测量单位和接线方式。

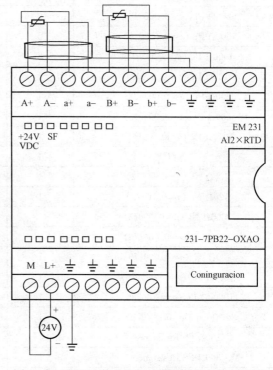

图 15-1　EM231 热电阻温度测量模块的端子接线

　　DIP 选择开关位于模块的下部，如图 15-2 所示。为使 DIP 开关设置起作用，需要给 PLC 或用户 24V 电源断电再通电。

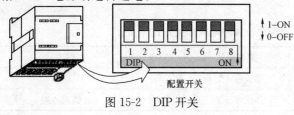

图 15-2　DIP 开关

　　用户可以通过 DIP 开关参照表 15-3 和表 15-4 选择热电阻的类型、接线方式、测量单位和开路故障的方向。

　　所有连接到模块上的热电阻必须是相同类型。

表 15-3　　　　　　　　　　　热电阻的类型对应的 DIP 开关配置表

热电阻类型	SW1	SW2	SW3	SW4	SW5
100ΩPt ($\alpha=0.003850$)	0	0	0	0	0
200Ω Pt ($\alpha=0.003850$)	0	0	0	0	
500Ω Pt ($\alpha=0.003850$)	0	0	0	1	0
1000Ω Pt ($\alpha=0.003850$)	0	0	0	1	1
100Ω Pt ($\alpha=0.003920$)	0	0	1	0	0
200Ω Pt ($\alpha=0.003920$)	0	0	1	0	1
500Ω Pt ($\alpha=0.003920$)	0	0	1	1	0
1000Ω Pt ($\alpha=0.003920$)	0	0	1	1	1
100Ω Pt ($\alpha=0.00385055$)	0	1	0	0	0
200Ω Pt ($\alpha=0.00385055$)	0	1	0	0	1
500Ω Pt ($\alpha=0.00385055$)	0	1	0	1	0
1000Ω Pt ($\alpha=0.00385055$)	0	1	0	1	1
100Ω Pt ($\alpha=0.003916$)	0	1	1	0	0
200Ω Pt ($\alpha=0.003916$)	0	1	1	0	1
500Ω Pt ($\alpha=0.003916$)	0	1	1	1	0
1000Ω Pt ($\alpha=0.003916$)	0	1	1	1	1
100Ω Pt ($\alpha=0.00302$)	1	0	0	0	0
200Ω Pt ($\alpha=0.003902$)	1	0	0	0	1
500Ω Pt ($\alpha=0.003902$)	1	0	0	1	0
1000Ω Pt ($\alpha=0.003902$)	1	0	0	1	1
保留	1	0	1	0	0
100Ω Ni ($\alpha=0.00672$)	1	0	1	0	1
120Ω Ni ($\alpha=0.00672$)	1	0	1	1	0
1000Ω Ni ($\alpha=0.00672$)	1	0	1	1	1
100Ω Ni ($\alpha=0.006178$)	1	1	0	0	0
120Ω Ni ($\alpha=0.006178$)	1	1	0	0	1
1000Ω Ni ($\alpha=0.006178$)	1	1	0	1	1
10000Ω Pt ($\alpha=0.00385$)	1	1	1	1	1
10Ω Cu ($\alpha=0.004270$)	1	1	1	0	
150Ω FS Resistance	1	1	1	0	1
300Ω FS Resistance	1	1	1	1	0
600Ω FS Resistance	1	1	1	1	1

2）标定方向、测量单位和热电阻接线方式。标定方向、测量单位和热电阻接线方式的配置见表 15-4。

表 15-4　　　　　　　　配置检测标定方向、测量单位和热电阻接线方式

SW6	标定方向	SW7	测量单位	SW8	接线方式
0	正标定（+3276.7°）	0	摄氏度（℃）	0	3线
1	负标定（-3276.8°）	1	华氏度（℉）	1	2线或4线

2. 模拟量输出扩展 EM232

EM232 是 12 位的数模转换输出扩展模块。

（1）模拟量输出扩展模块 EM232 的技术规格见表 15-5。

表 15-5　　　　　　　　　　　　模拟量输出扩展模块技术规格

特　　性	EM232：2 AQ × 12 位	EM232：4 AQ × 12 位
型号	CTS7 231-0HB22	CTS7 232-0HF22
物　理　特　性		
尺寸（宽×高×深，mm）	46×80×62	71.2×80×62
功耗（W）	2	2
电　源　损　耗		
+5V DC（mA）	消耗电流 20	
L+（mA）	60	
L+线圈电压范围（V）	20.4～28.8DC	
LED 灯指示	指示 24V 电源状态，亮表示电源正常，灭表示电源故障	
模拟量输出特性		
输出点数	2	4
输　出　范　围		
电压输出（V）	±10	
电流输出（mA）	0～20	
输　出　分　辨　率		
电压输出	12bit	
电流输出	11bit	
数　据　字　格　式		
电压输出	−32 000～+32 000	
电流输出	0～32 000	
测量误差	典型值：满量程的±0.5%，最坏情况：满量程的±2%	
稳　定　时　间		
电压输出（μs）	100	
电流输出（ms）	2	
最大驱动（24V 用户电源）		
电压输出（Ω）	最小 5000	
电流输出（Ω）	最大 500	

（2）模拟量输出扩展模块 EM232 端子接线图如图 15-3 所示。

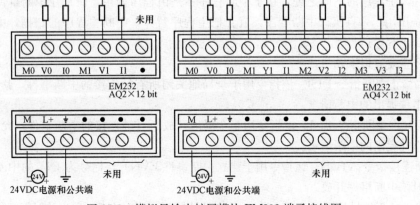

图 15-3　模拟量输出扩展模块 EM232 端子接线图

（3）模拟量输出扩展模块 EM232 的输出数据格式。

1）电流输出格式

MSB								LSB
15	14		4	3	2	1	0	
0	数据值 11 位			0	0	0	0	

2）电压输出格式

MSB							LSB
15	14		4	3	2	1	0
数据值 12 位				0	0	0	0

数模转换器的 12 位读数，其输出数据格式是左端对齐的，最高有效位是符号位(0 表示是正数)，数据在装载到数模转换器寄存器之前，4 个连续的 0 是被裁断的，这些位不影响输出信号值。

3．触点比较指令

触点比较指令用于两个数据的比较，根据比较结果决定触点的通断，比较条件成立，触点为 ON，否则为 OFF。

触点比较指令根据比较触点在梯形图中的位置分为数据加载类、串联类和并联类触点比较指令，分别用于比较触点的加载、串联和并联。

触点比较指令按数据类型分为字节型、整型、双字型、实数型数据触点比较等。

4．整数计算指令

整数计算指令包括整数的加、减、乘、除，包括字节、字、双字的递增和递减等指令。

5．转换指令

转换指令用于数据类型的转换。转换指令包括字节、字、双字数据的转换，二进制数与 BCD 数据的转换等。

6．中断指令

在 S7-200 系列 PLC 中，中断服务程序调用和处理是通过中断指令来完成的。中断分为系统内部中断和用户中断两大类。系统内部中断由 PLC 自动完成，用户不用编程。由用户引起的中断，如通信中断、高速计数中断、高速脉冲串输出中断、外部输入中断、定时中断、定时器中断等，需要用户通过设计中断服务程序并设定对应的入口地址来完成。

能够用中断功能处理的特定事件称为中断事件。S7-200 系列 PLC 为各类中断事件配置了一个中断事件号。响应中断事件而执行的程序称为中断服务程序，把中断事件号与中断服务程序连接起来才能完成中断处理功能。

中断程序与子程序的不同之处，在于中断程序不是由程序调用，而是在中断事件发生时由 PLC 操作系统调用。一旦执行中断程序，就会把主程序暂停，中断主程序的扫描，中断事件处理完毕才回到主程序运行。

中断指令主要有以下几条：

（1）全局禁止中断指令 DISI。该指令用于全局地关闭所有被连接的中断事件，禁止 CPU 接受所有中断事件提出的中断请求。

（2）全局允许中断指令 ENI。该指令用于全局地开放所有被连接的中断事件，允许 CPU 接受所有中断事件提出的中断请求。

（3）中断连接指令 ATCH。该指令用于建立中断事件 EVNT 与标号为 INT 的中断服务程序的联系，并对该中断事件开放。

定时中断 0 的事件号是 10，定时中断 01 的事件号是 11。定时中断 0 发生的时间间隔由 SMB34

确定，单位为毫秒(ms)；定时中断1发生的时间间隔由SMB35确定，单位为毫秒(ms)。

（4）中断分离指令DTCH。该指令用于分离中断事件EVNT与所有中断服务程序的联系，并对该中断事件禁止。

（5）中断返回指令RETI、CRETI。当中断结束时，通过中断返回指令退出中断服务程序，返回主程序。RETI是无条件返回指令，CRETI是有条件返回指令。

7. 设计控制程序

（1）PLC软元件分配。

1）PLC输入、输出分配见表15-6。

2）其他软元件分配见表15-7。

表15-6　　PLC输入、输出分配

输　入		输　出	
启动按钮	I0.1	变频器STF控制	Q0.1
停止按钮	I0.2		
频率增加按钮	I0.3		
频率减少按钮	I0.4		
手动/自动转换	I0.5		

表15-7　　PLC软元件分配

元件名称	软元件
进水温度	VW10
回水温度	VW12
温差值	VW20
温差数字量	VW100
辅助继电器	M1.0

（2）PLC中央空调冷冻泵控制接线图如图15-4所示。

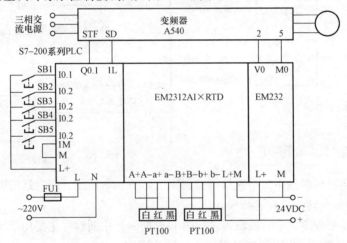

图15-4　PLC中央空调冷冻泵控制接线图

（3）设计初始化子程序。初始化子程序如图15-5所示，初始化子程序清单与注释如下：

```
Network 1 // 初始化程序
LD     SM0.0        //PLC运行时为ON
MOVB   10, SMB34    //定时中断参数设置为10ms
ATCH   INT0, 10     //定时中断连接中断程序 INT 0
MOVB   0, VB0       //采样次数清零
MOVD   0, VD102     //进水温度值清零
MOVD   0, VD110     //出水温度值清零
ENI
```

（4）设计手动、自动转换程序。手动、自动转换程序如图15-6所示。其工作过程是：每按动一次手动、自动转换按钮，M1.0状态变化一次，手动、自动运行模式转换一次。

（5）设计启停控制程序。启停控制程序如图 15-7 所示。其工作过程是：按下启动按钮，Q0.1 得电，系统启动运行，数模转换模块将 VW100 数据转换为模拟电压通过 AQW0 输出，控制变频器按指定的频率运行；按下停止按钮，Q0.1 失电，系统停止运行。

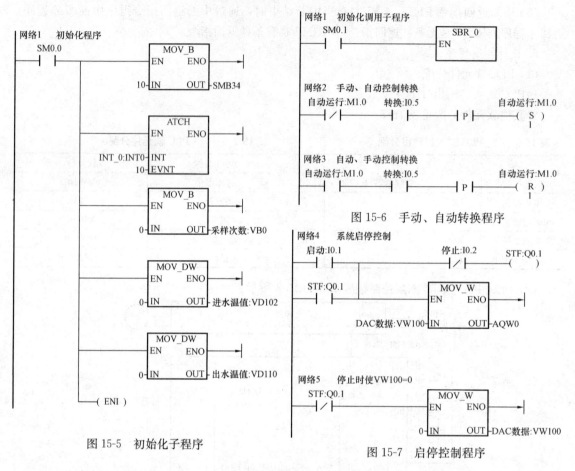

图 15-5　初始化子程序

图 15-6　手动、自动转换程序

图 15-7　启停控制程序

（6）设计全速运行控制程序。全速运行控制程序如图 15-8 所示。全速运行时，变频器的频率为 50Hz，运行 36s 后，转入自动运行模式。

（7）设计中断控制程序。中断控制程序如图 15-9 所示。中断程序主要用于定时采样和计算平均值。定时累计进水温度、出水温度采样值，采样达到 10 次时，计算进水温度、出水温度的平均值。

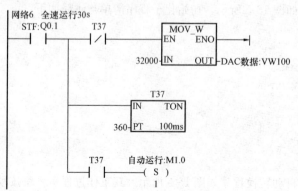

图 15-8　全速运行控制程序

（8）手动控制程序。手动控制程序如图 15-10 所示。手动控制时，按下频率增加按钮，数模转换数据值 VW100 增加 640，变频器的频率增加 0.1Hz，频率达到上限时，保持 VW100 数据为上限值 32 000；按下频率减少按钮，数模转换数据值 VW100 减少 640，变频器的频率减少 0.1Hz，频率低于下限时，保持 VW100 数据为下限值 19 200；

（9）设计自动运行程序。自动运行程

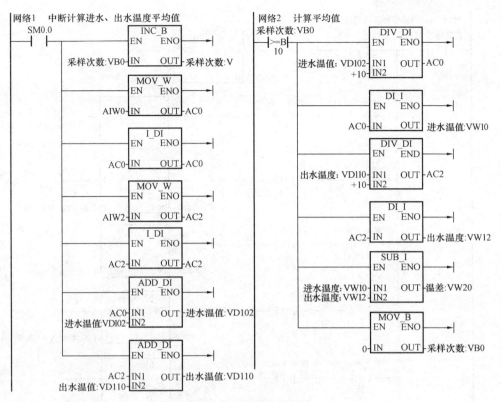

图 15-9　中断控制程序

图 15-10　手动控制程序

序如图 15-11 所示，其工作过程如下：

温差小于或等于 1℃时，将变频器 30Hz 频率运行对应的数模转换数据送数模转换数据寄存器 VW100。

温差大于 1℃且小于或等于 1.5℃时，将变频器 32.5Hz 频率运行对应的数模转换数据送数模转换数据寄存器 VW100。

温差大于 1.5℃且小于或等于 2℃时，将变频器 35Hz 频率运行对应的数模转

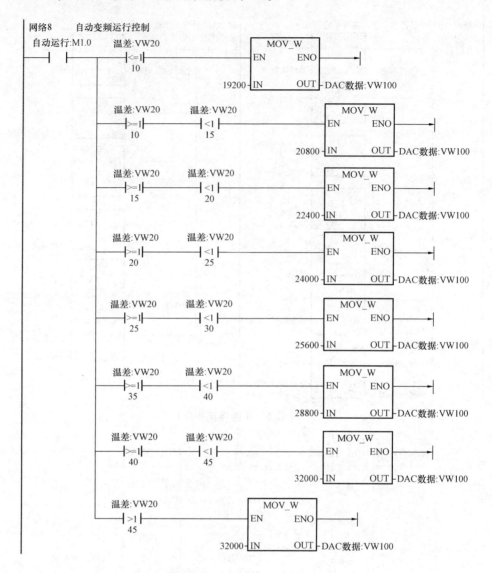

图 15-11　自动运行程序

换数据寄存器 VW100。

　　温差大于 2℃且小于或等于 2.5℃时，将变频器 37.5Hz 频率运行对应的数模转换数据送数模转换数据寄存器 VW100。

　　温差大于 2.5℃且小于或等于 3℃时，将变频器 40Hz 频率运行对应的数模转换数据送数模转换数据寄存器 VW100。

　　温差大于 3℃且小于或等于 3.5℃时，将变频器 42.5Hz 频率运行对应的数模转换数据送数模转换数据寄存器 VW100。

　　温差大于 3.5℃且小于或等于 4℃时，将变频器 45Hz 频率运行对应的数模转换数据送数模转换数据寄存 VW100。

　　温差大于 4℃且小于或等于 4.5℃时，将变频器 47.5Hz 频率运行对应的数模转换数据送数模转换数据寄存器 VW100。

　　温差大于 4.5℃时，将变频器 50Hz 频率运行对应的数模转换数据送数模转换数据寄存器 VW100。

技能训练

一、训练目标

1. 能够正确设计控制中央空调冷冻泵运行的 PLC 程序；
2. 能正确输入和传输控制中央空调冷冻泵运行的 PLC 控制程序；
3. 能够独立完成控制中央空调冷冻泵运行电气线路的安装；
4. 按规定进行通电调试，出现故障时，应能根据设计要求进行检修，并使系统正常工作。

二、训练步骤与内容

1. 设计 PLC 控制中央空调冷冻泵运行的程序

(1) 设计初始化子程序。

(2) 设计用 PLC 控制变频器启停的程序。

(3) 设计手动/自动转换控制程序。

(4) 设计全速运行控制程序。

(5) 设计中断控制程序。

(6) 设计手动频率增减控制程序。

(7) 设计自动运行温差转换控制程序。

2. 设置变频器参数

在 Pr.79＝1 时设置以下参数：

上限运行频率 Pr.1＝50Hz

加速时间 Pr.7＝8s；

减速时间 Pr.8＝6s；

跳跃频率下限 Pr.31＝20Hz；

跳跃频率上限 Pr.32＝25Hz；

模拟输入控制电压 Vi 选择（0～10V），Pr.73＝0；

设置 Pr.79＝2 外部运行模式。

3. 安装、调试运行

(1) 按图 15-4 所示的 PLC 控制中央空调冷冻泵运行的接线图接线。

(2) 将 PLC 控制中央空调冷冻泵运行的程序下载到 PLC。

(3) 拨动 PLC 的 RUN/STOP 开关，使 PLC 处于运行状态。

(4) 点击执行 PLC 编程软件主菜单"调试"下的子菜单"开始程序状态监控"命令，使 PLC 处于监控运行模式。

(5) 按下启动按钮，观察数据寄存器 VW100 的数据，观察变频器的全速运行及运行频率。

(6) 36s 后，观察中央空调冷冻泵自动运行模式下的温差自动转换参数的变化，观察进水温度 VW10、回水温度 VW12、温差值 VW20 寄存器当前值的变化，观察数模转换数值寄存器 VW100 当前值的变化；观察变频器的运行频率。

(7) 切换到手动运行模式。

(8) 按下手动频率增加按钮，观察数模转换数值寄存器 VW100 当前值的变化，观察变频器的运行频率。

(9) 按下手动频率减少按钮，观察数模转换数值寄存器 VW100 当前值的变化，观察变频器的运行频率。

参 考 文 献

[1]　肖宝兴. 西门子 S7-200 PLC 的使用经验与技巧. 北京：机械工业出版社，2008

[2]　张运刚，宋小春，郭武强. 从入门到精通——西门子 S7-200 PLC 技术与应用. 北京：人民邮电出版社. 2007

[3]　肖明耀. PLC 原理与应用. 北京：中国劳动和社会保障出版社，2007

[4]　贺哲荣等. 流行 PLC 使用程序及设计（三菱 FX2 系列）. 西安：西安电子科技大学出版社，2006

[5]　西门子（中国）有限公司自动化与驱动集团. 深入浅出西门子 S7-200 PLC. 北京：北京航空航天出版社，2003

[6]　何献忠等. 可编程控制器应用技术（西门子 S7-200 系列）. 北京：清华大学出版社，2007